채소가 좋아지는 에코 레시피

1판 1쇄 인쇄 2011년 7월 29일
1판 2쇄 펴냄 2012년 4월 10일

요리 김경애
글 김경애 · 최현주
펴낸이 송영민

사진 정김신호
본문디자인 디자인굴뚝
표지디자인 DesignZoo

펴낸곳 시금치
등록 2002년 8월 5일 제300-2002-164호
주소 (110-816) 서울시 종로구 부암동 130-2호 A-501
전화 (02)725-9401
팩스 (02)725-9403
이메일 7259401@naver.com

ISBN 978-89-92371-11-7 13590

＊이 도서의 국립중앙도서관 출판시도서목록(CIP)은 e-CIP홈페이지(http://www.nl.go.kr/ecip)와
  국가자료공동목록시스템(http://www.nl.go.kr/kolisnet)에서 이용하실 수 있습니다.
  (CIP제어번호 : CIP2011003169)

라면보다 맛있다!
부엌 새내기를 위한
실속 친환경 요리법 90

채소가
좋아지는
에코
레시피

김경애 만들고 **최현주** 배우다

시금치

즐길수록 인기 얻는 생존 스킬
'집에서 밥해 먹기'

우리 집 식구는 셋입니다. 실은 남편과 나, 둘인 셈입니다. 멀리 있는 아들은 아주 가끔 다니러 오고 같이 먹고 살진 않으니 말입니다. 그러니 둘이 먹자고 주방을 어지럽히면서 다듬고 만들고 갈무리하는 일이 점점 귀찮아집니다. 요즈음 도시 사람들이 그렇듯이 주중에는 일들을 한다고 집에 있는 시간이라고는 잠잘 때뿐입니다. 주말에도 무슨 모임은 그리도 많은지 한가하게 집에서 채소라도 다듬어 음식을 마련하는 일이 쉽지 않습니다. 또 틈나면 문화생활도 해야 하니 밥해 먹는 일이 제일 뒷전으로 밀려 납니다.

그러나 이렇게 도시에서 태어나 도시생활로 분주하여도, 어머님이 해주시던 따뜻한 밥, 복닥복닥 끓여 주시던 된장찌개, 아침 짓는 밥솥에 같이 쪄낸 부드러운 달걀찜, 철을 바꾸어 밥상에 오르던 푸성귀나 나물의 맛이 간절해지는 순간이면 어느새 부엌에 서게 됩니다. 음식과 함께 하였던 가족과 친구들의 가슴 찡한 이야기들도 더해져 부엌일은 종종 흐뭇하고 즐거운 일이기도 합니다.

바쁜 삶 속에서 아무것이라도 내 손으로 요리하여 좋은 사람들과 나누는 일은 아주 특별한 경험을 줍니다. 내 자신과 내가 사랑하는 사람들을 위해 먹을거리를 준비하고 맛나게 같이 먹는 일이란 단순히 끼니를 채우는 일 이상이기 때문입니다. 슬며시 연습해 본 음식이 맛나게 성공할 때면 그 맛은 신기하게도 자꾸만 나누고 싶어지게 만듭니다. 조금 모자라고 볼품없어도 내가 만든 음식을 가운데 두고 나누는 시간이야말로 우리가 원하는 행복의 순간이 아닌가 합니다. 아무리 훌륭하고 근사한 레스토랑의 음식도 누군가를 생각하며 차려진 따뜻한 밥과 된장찌개만큼의 사랑은 줄 수 없기 때문이겠지요.

이 책으로 부엌이 낯설고 두려운 누구라도 손수 차린 밥상으로 건강하고 따뜻한 힘을 얻는 데 작은 도움이 되었으면 합니다. 그리하여 바쁜 도시 삶에서 잊고 지내는 '집밥'의 힘을 되찾아 보시길 희망합니다.

2011년 7월 1일
에코밥상 대표 김경애

나박썰기	반달썰기	깍둑썰기	채썰기
어슷썰기	다진 생강절임	송송 썰기	편썰기

2 재료에서 '다진 생강절임'이라는 것은 생강청의 생강 건더기를 잘게 다진 것입니다. 생강은 오래 두고 먹기 어려워 보통 얇게 썰어서 말려 냉동보관하며 먹거나, 마늘처럼 찧어서 냉동, 혹은 얇게 썰어 설탕이나 꿀에 재워서 두고두고 음식에 쓰는데, 이 책에서는 설탕에 재운 생강청 만들기를 소개하고, 이를 두루 음식에 넣고 있습니다.

3 재료의 분량에서 '약간' '적당량'이라는 표현이 나옵니다. 책의 요리에는 '약간'의 경우 1/3작은술 정도의 양을 썼습니다. 개개인의 입맛과 기호에 맞춰 간을 보는 양념들은 약간으로 표기했습니다. 적당량도 마찬가지로, 기호에 따라 양을 맞춰도 무방한 양념에서 '적당량'으로 표기했습니다. 재료의 1컵은 200cc 용량을 말하며, 1큰술은 1숟가락, 1작은술은 1티스푼 분량입니다.

4 봄, 여름의 김치, 봄, 여름의 장아찌는 가장 영양소가 풍부한 제철 수확기에 담가 먹는다는 뜻으로 이름을 붙였습니다. 또한 이 책에는 봄부터 가을까지 풍성하게 수확되는 채소로 만드는 반찬을 실습니다. 봄과 여름, 가을까지 채소는 계속 수확되면서 값도 저렴하고, 영양가도 최고점에 이릅니다. 요즘은 겨울에도 모든 채소를 구할 수 있지만 제철의 영양과 맛과는 상대가 안 될 정도입니다.

5 차례에서 채식인이 선택할 수 있는 메뉴에 ◔를 표시했습니다. 채식인을 위한 팁은 이 책 끝부분의 〈완전 채식인을 위한 응용법〉을 참고하세요.

차 례

요리 도구부터
친환경으로 마련하자

생애 처음 자취 생활을 시작하거나 결혼해서 살림을 낼 때 냉
장고나 가스레인지 같은 고가의 주방가구는 망설임 없이 장만
하지만, 요리 경험이 없는 초보자들에게 소소한 요리 도구들의
쇼핑이 어려울 수 있다. 우선 요리를 담고 만지는 주방기구들도
식재료처럼 안전한 친환경 제품을 써야 친환경 요리로 완성된
다는 점을 기억해두자. 눈에 보이지 않아도 열과 염분이 가해지
면 유해물질이 우러나온다. 여기에서 소개하는 요리도구는 최
소한의 기본적인 도구들이다. 요리 빈도와 실력이 늘면 연장부
터 꼼꼼하게 따지게 마련! 그 이상의 도구들은 차차 스스로 알
아가게 된다.

부엌칼, 칼 가는 도구

과도와 식도가 기본이지만, 채소와 육류를 써는 식도를 2~3개 정도 갖추면 좋다. 요즘에는 칼과 칼집을 세트로 사는 경우가 많은데, 반드시 깨끗이 닦아 말려 보관해야 칼집에서 세균이 번식하는 것을 방지할 수 있다. 염분과 산이 강한 김치나 장아찌, 레몬 등을 썰고 나서는 바로 씻는다. 잘 들지 않는 칼은 초보 살림꾼들에게 오히려 더 위험할 수도 있다. 무뎌진 부엌칼을 가는 도구를 구비하고 사용할 때는 조심스럽게 써야 한다.

도마

2개 이상이 좋다. 생선·육류용 도마와 과일·채소용 도마로 나눠 쓰면 요리할 때 번잡하지 않아서 좋다. 3개까지 마련할 수 있을 땐 김치나 장아찌용 도마로 구분한다. 나무든 플라스틱이든 모든 도마에는 칼자국으로 생긴 틈이 패여서 세균이 번식하기 쉽다. 사용한 뒤에는 잘 씻어서 햇볕과 바람에 건조해 시늘하고 물기 없는 깨끗한 장소에서 보관해야 곰팡이가 끼지 않는다. 특히 생선, 육류 도마는 세제로 깨끗이 닦은 뒤 뜨거운 물을 부어서 소독하는 것이 중요하다.

스테인리스 주방용품

스테인리스 냄비나 전골 솥은 삶고 끓이는 것은 물론, 익숙해지면 볶는 요리까지 곧잘 사용하게 된다. 냄비, 프라이팬, 국자와 뒤집개, 찜용 삼발이, 압력밥솥, 무침용 그릇(믹싱볼), 김치통 등은 스테인리스 제품이 조리나 보관 중에 유해한 물질이 나오지 않아서 안전하다. 주걱도 플라스틱이 아니라 스테인리스나 나무 재질로 선택한다. 스테인리스의 찌든 때는 전용 세제로 가끔 닦아준다.

　스테인리스 프라이팬을 잘 사용하려면 우선 마음가짐이 중요하다. 서두르지 말고 기다려야 한다. 팬이 잘 달궈지도록 기다렸다가 불을 낮추고 조리를 시작하는 것이 요령인데, 좌절하지 말고 몇 번 시도하다보면 어느 날에는 성공하게 된다. 눌어붙은 팬이

나 냄비는 바로 닦으려고 하지 말고 물을 붓고 불려서 부드러운 수세미로 닦는다. 보통 가정에서 다용도로 사용하는 직경 26㎝로 써보기 시작하고, 이보다 조금 더 작은 팬 1~2개를 갖추면 좋다. 26㎝보다 큰 팬은 무겁고 보관하기에 불편하다. 유리뚜껑과 세트인 전골용 팬은 조림이나 볶음용으로 쓸 수 있어 편리하다. 무쇠 솥이나 무쇠 번철(프라이팬 용도)도 좋지만, 처음에 길을 들여야 하고 녹슬지 않게 관리해야 하며, 무거운 점이 흠이다. 그러나 용기에서 나오는 철분을 자연스럽게 섭취할 수 있고 무엇보다 스테인리스보다 열 관리가 훌륭해서 훨씬 좋은 맛으로 조리된다.

필러와 가위

필러는 감자 깎는 용도로 보통 알려졌지만 더덕 껍질을 벗기거나 생선 비늘을 칠 때 더 유용하다. (햇감자, 당근, 무는 필러로 깎지 말고 껍질째 먹는 게 좋다!) 가위는 부엌에서만 쓰는 용도로 따로 보관한다. 급할 때 파나 고추 썰기에 좋다.

타이머

있으면 정말 도움 되는 필수 아이템으로 특히 초보자들이 전기밥솥이 아니라 압력밥솥에 밥을 할 때 요긴하다. 초보들은 눈으로 다 익었는지 덜 익었는지 알기 어려울 수 있다. 어느 시점에서 불을 줄이고 꺼야 하는지 레시피에서 알려주는 대로 시간을 맞출 수 있어서 큰 실수를 피할 수 있다.

질그릇

달걀찜이나 된장찌개용 뚝배기 정도로 시작해 보는 것이 좋다. 질그릇은 가열용과 비가열용을 구분해서 사야 한다. 질그릇이라고 아무 것에나 불을 가하면 바로 갈라질 수 있다. 가열용은 첫 사용 시 쌀뜨물을 넣고 약한 불로 한번 끓여서 준비를 시켜둔 뒤 조리한다. 비가열용은 쌀뜨물로 잘 씻어 쓰고, 기름기 있는 요리는 되도록 담지 않는다.

자기류와 플라스틱류

도기를 선택할 때는 화려한 색상과 디자인보다 천연 유약으로 완성된 것을 선택한다. 천연 유약을 썼는지 분간하기 힘들 때는, 법적 안전성 검사를 받아야 하는 전문 그릇 제조업체의 제품이 안전한 편이라는 사실을 기억하자. 플라스틱 그릇은 열과 염분에 의해 환경호르몬이 더욱 많이 배출되므로, 되도록 질그릇, 스테인리스, 유리, 믿을 만한 도기, 목기 등으로 마련한다. 이미 있는 플라스틱류는 양념되지 않은 재료를 보관하거나 식혀서 냉동할 때 활용한다.

집에서 하는 요리를 도와주는 천연 양념과 육수

화학첨가물 범벅이라고까지 표현하는 인공 양념들은 당장은 입에 달아도 서서히 긴 시간을 두고 우리의 몸과 정신을 망친다. 유기농 채소에 화학조미료나 일반 양념을 사용한다면 이는 유기농 음식이라고 할 수 없다. 사실 안전한 천연 양념을 구입하는 비용은 주재료를 구입하는 비용 이상으로 가격이 높지만, 집에서 음식을 만들 땐 천연 양념을 마련해서 조금씩 알뜰하게 쓰도록 한다. 또 집에서 요리를 해봐야 천연양념 맛을 익힐 수 있어 화학조미료를 사용한 음식을 구별할 수 있게 된다. 맛간장, 맛고추장, 쌈장 등 여러 재료를 혼합하는 천연양념류는 짬이 날 때 미리 만들어둔다.

간장, 된장

콩으로 메주를 쒀서 장기간 숙성을 거쳐서 만드는 발효 간장과 된장은 우리 밥상에 필수적으로 오르는 국과 찌개의 기본양념이다. 국산 콩과 질 좋은 국산 천일염으로 만들어 장독에서 6개월 이상 자연 숙성과 발효의 과정을 거친 된장, 간장의 맛은, 단 며칠만에 화학적인 대량생산 공정을 거친 된장, 간장이 따라올 수 없는 맛을 낸다. 슈퍼마켓에서 눈높이로 잘 진열된 화학적 산 분해 물질을 쓴 간장, 유전자조작 콩을 원료로 한 된장이 아니라 100% 우리 콩으로 전통적인 발효 과정을 거친 간장과 된장을 써야 구수한 된장국과 맛있는 찌개를 끓일 수 있다. 진간장은 무침, 조림, 볶음에 쓰고, 국간장은 국에 쓴다.

🍴 맛간장 만들기

가지볶음, 닭찜 등 단맛을 더하는 요리에 간편하게 넣을 수 있도록 한꺼번에 만들어 두면 편하다. 절임장 재료를 냄비에 잘 섞어 5분 끓인 뒤 불을 끄고 다시마만 건져내서 1시간 동안 식힌 뒤에 체에 거른다. 물기 없는 병에 넣어 한 달 가량 냉장 보관하면서 쓸 수 있다.

재료 : 물 3컵, 표고버섯 1장, 손바닥 크기 다시마, 진간장 2컵, 유기농 설탕 1컵, 사과(중) 1/4개, 생강 한마디, 통후추 1작은술, 대추 3개, 청주 2큰술, 레몬 1/4쪽

🍴 쌈장 만들기(냉장보관)

재료 : 된장 2큰술, 고추장 2작은술, 다진 마늘 2작은술, 생강청 2작은술, 조청 2작은술

고추장

고추장은 고추장찌개, 무침, 비빔밥에서 흔히 쓰는데, 마찬가지로 국산 고춧가루를 이용해 자연스럽게 숙성과 발효를 거친 고추장을 마련한다. 찌개용은 조미하지 않은 고추장을 사용하지만, 무침이나 비빔밥용으로는 다른 양념과 혼합한 천연 맛고추장을 미리 만들어두면 여러 가지 자연 양념들이 어우러져 숙성되므로 하나씩 따로 양념하는 것보다 감칠맛이 난다. 초고추장도 만들어서 며칠 숙성시킨 맛이 바로 만드는 맛보다 좋다.

🍴 맛고추장 만들기(냉장보관)

재료 : 고추장 500g
생강청 1큰술(생강청 만들기 19쪽 참고)
매실청 1큰술(매실청 만들기 205쪽 참고)
마늘장아찌 국물 2큰술(마늘장아찌 만들기 202쪽 참고)
배농축액(배즙) 2큰술
청주 1큰술

🍴 매실 초고추장 만들기(냉장보관)

재료 : 고추장 6큰술
고운 고춧가루 2큰술
매실청 4큰술
현미식초 3큰술
생강청 1큰술
사과농축액 1큰술(없으면 생략)
마늘장아찌액 1큰술

설탕, 꿀, 조청

외식에서는 정제한 백설탕, 저렴하고도 강력한 합성감미료를 사용해 단맛을 내는 일이 다반사다. 집에서 만드는 음식에는 정제 설탕보다는 정제하지 않은 유기농 설탕, 국내산 꿀이나 우리 고유의 조청, 사과나 배, 양파와 같은 천연 과일과 채소를 활용하여 순수한 단맛을 낼 수 있다. 또 다른 방법은 천연 재료를 유기농 설탕으로 재워서 발효시켜 만든 청을 사용하는 것이다. 면역 강화식품인 생강은 음식에 들어가는 양이 많지 않아서 한 팩만 사도 다 쓰지 못하고 상해서 버리는 경우가 많다. 생강청은 생강을 저장해 쓰면서 단맛도 내는 양념으로 쓰기에 좋다. 또 대추와 함께 생강차로도 즐길 수 있다.

🍴 생강청 만들기

재료 : 생강 500g, 유기농 설탕 600g

1. 생강은 껍질째로 물에 넣고 주물러 흙을 제거하고, 마디를 똑똑 잘라내 주방용 칫솔로 구석구석 깨끗이 씻는다. 껍질에 좋은 영양분이 많으므로 껍질을 벗겨 내지 않도록 주의한다.

2. 씻어 놓은 생강을 편으로 납작하게 썰어 넓은 용기에 생강 한 켜, 설탕 한 켜로 담고 마지막 위에 설탕을 소복이 올려 뚜껑을 잘 닫아 그늘진 곳에 1~2일(겨울철 3~4일) 놓아두면 청이 생기게 되는데, 이 때 냉장고로 옮겨 일주일 뒤부터 요리에 쓴다.

고춧가루

요즘 유행하는 극단적인 매운 맛과 붉은 색은 화학첨가물을 사용하는 경우가 대부분이다. 천연 고춧가루와 고추장이 내는 매운 맛은 자연스럽다. 가을에 마련해 다음해까지 쓰는 고춧가루는 3가지로 준비한다.

- **말린 홍고추(건고추)** : 4인 가족 기준으로 500g 정도 마련해도 얼큰한 육수나 매콤한 볶음, 찜 음식을 할 때 충분히 쓸 수 있다. 마른 행주로 깨끗이 닦아낸 건고추를 2~3cm 크기로 잘라 냉동실에 보관한다.
- **굵은 고춧가루** : 주로 김치를 담글 때와 찌개 등에 쓴다.
- **고운 고춧가루** : 고추장을 담그거나 무생채와 같이 붉은 색을 내는 무침에 쓴다.

소금 : 천일염(굵은소금)

우리나라의 천연소금은 천연 미네랄 함유량이 높다. 김치, 간장, 된장, 고추장을 담글 때나 생선을 절일 때 국산 천연소금을 써야 음식맛도 좋다. 일반 가공염이나 정제염은 바닷물에서 순수한 염화나트륨만 분리하여 짠맛만 정제한 소금이다. 여기에 화학 조미료를 가미한 것이 맛소금이다. 천일염은 가공하지 않은 '굵은 소금'이며, '볶은 소금'은 굵은 소금을 볶아 갈아놓은 것이다. 소금은 4~6월에 나오는, 간수를 충분히 뺀 천연 소금을 구하여 사용하는 것이 좋다. 간수를 충분히 빼지 않은 소금은 염화마그네슘이라는 성분 때문에 쓴맛이 나기 때문이다.

식초

식초도 대표적인 발효 음식이다. 강한 산성으로 인해 음식이 상하는 것을 방지할 뿐 아니라, 음식을 보관하는 냉장고를 청소할 때 식초로 닦아내면 세균이 생기는 걸 방지할 수 있다. 또한 천연 식초의 새콤한 맛은 우리 몸의 원기를 되찾게 해준다. 현미식초, 사과식초 정도를 구비하면 웬만한 요리를 할 수 있다. 숙성과 정제, 발효를 거친 천연 양조 식초를 선택하고 빙초산이나 초산을 희석해 첨가물을 넣어 만드는 식초는 피한다. 레몬이나 마늘이 쓰고 남았을 때는 얇게 썰어서, 유리병에 현미식초와 함께 보관하면 맛과 향이 우러나는 소스로 유용하게 쓸 수 있다. 레몬식초는 샐러드 드레싱에, 마늘식초는 초고추장 만들 때에 쓰기 편하다.

기름 : 참기름, 들기름, 현미유, 올리브유

콩이나 옥수수에서 기름 성분만 정제해서 추출한 식용유와 달리 참기름, 들기름은 통째로 압착한 완전한 식품이다. 식용유는 최근 들어 유전자 조작(GMO) 수입콩을 사용한 제품이 많다. 안전한 국산 현미로 만들어 생협에서 판매하는 현미유를 식용유로 사용하면 좋다. 올리브오일도 우리나라의 참기름, 들기름과 같은 압착유다. 공정무역 제품들이 시중에 많이 있으므로 믿고 구입할 만하다.

청주로 만드는 생강술, 배술, 레몬술

청주는 재료의 비린 맛, 잡냄새를 휘발시키는 용도로 요리에 자주 사용하는데, 청주 자체를 사용하기도 하지만, 청주에 생강을 썰어 넣은 생강술, 배 껍질을 넣은 배술, 요리하고 남은 레몬을 썰어서 넣은 레몬

술을 만들어, 요리에 적절히 사용하면 풍미가 좋다. 다만 청주에 다른 재료를 섞을 경우엔 더 빨리 변질되므로 1~2주 안에 쓸 수 있을 만큼만 만들어서 냉장고에 보관해야 한다.

젓갈 : 멸치액젓, 새우젓

젓갈은 소금으로 발효시킨 식품이므로, 소금의 품질과 안전성을 따지는 것이 중요하다. 또 소금을 덜 쓰고자 첨가하는 화학 감미료, 방부제 등이 의심되는 젓갈은 구입하지 말아야 한다. 멸치액젓은 국에 조미료 대신 국간장과 함께 넣어 감칠맛을 더하고, 새우젓은 호박과 같은 볶음요리에 사용한다.

국물 4인방 '멸치, 다시마, 표고버섯, 새우'로 만드는 기본 육수

멸치, 다시마, 표고버섯, 건새우로 우려내는 육수는 화학조미료와는 비교할 수도 없는 맛을 내는 국물의 4인방이라 할만하다. 여기에 양파껍질, 무, 파뿌리도 함께 우려낸 육수는 다른 양념 없이 그 자체만으로도 풍부하고 깊은 맛을 내준다. 한 번 만들 때 필요한 양보다 2~3배로 만들어서 1회분씩 냉동실에 얼려둔다. 냉장고에서는 5~6일 보관 가능하다.

🍴 기본 육수 만들기

재료 : 물 4 L 보통 한 사람이 먹는 국은 한 컵(200cc)이므로 4인 기준의 5회 정도 먹을 양이다.
　　　　참고로 일반적인 4인 가족이 사용하는 중간 크기의 국 냄비는 2L 정도다.

　　　국물용 멸치 한줌(약 25g)
　　　마른새우 한줌(약 25g)
　　　손바닥 크기의 다시마
　　　표고버섯 2~3개
　　　양파 1개(껍질째로 쓴다.)
　　　무 1/2개(여름철에는 넣지 않는다.)
　　　파뿌리 적당량(파를 쓰고 남는 파뿌리는 잘 씻어서 냉동한다.)

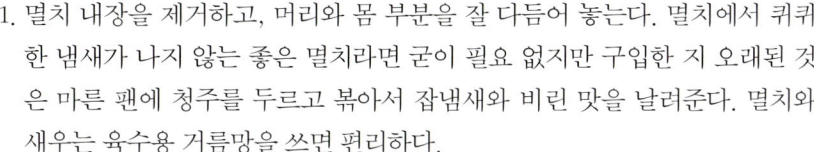

1. 멸치 내장을 제거하고, 머리와 몸 부분을 잘 다듬어 놓는다. 멸치에서 퀴퀴한 냄새가 나지 않는 좋은 멸치라면 굳이 필요 없지만 구입한 지 오래된 것은 마른 팬에 청주를 두르고 볶아서 잡냄새와 비린 맛을 날려준다. 멸치와 새우는 육수용 거름망을 쓰면 편리하다.

2. 다시마는 젖은 행주로 닦는다.

3. 표고버섯의 이물질을 털어내고 맑은 물에 슬쩍 헹궈낸다.

4. 약재로 쓰기도 하는 양파껍질을 벗기지 말고 껍질째 깨끗이 씻어서 반으로 자른다.

5. 물에 양파, 파뿌리, 무, 표고버섯을 넣고 강한 불에 올린다. 펄펄 끓을 때 멸치, 새우, 다시마를 넣고 불은 중간 불로 낮추어 15분 정도 끓인다. 이때 강한 불로 오래 끓이면 국물이 탁해지고 텁텁한 맛을 내게 되므로 주의한다.

표고버섯, 다시마, 마른 새우를 끓이지 않고 3~4시간 우려낸 국물로 계란찜 등을 요리할 수 있는데, 더 깔끔한 맛을 느끼게 한다.

6. 가는 체로 재료들을 건져 내고 식힌다.

 TIP 1. 육수의 채소 건더기 활용법

- **다시마**–다시마와 양파를 채썰어서 식초, 설탕, 소금, 다진 마늘을 넣고 새콤달콤하게 무친다.
- **무**–얇게 썰어 밀가루를 입혀 전을 부친다. 멸치 맛이 배어서 부드럽고 구수하다.
- **표고버섯**–잘게 썰어 된장찌개에 이용한다.

 **TIP 2. 북어육수, 닭육수 만들기**

생협에서 파는 육수용 북어(황태) 머리만 사거나, 북어 머리와 껍질로만 끓여서 만든다. 북어국, 물김치용 육수로 이용한다. 닭육수는 백숙을 만들 때 물을 넉넉히 붓고 육수를 내서 식혀서 냉동보관한다.

밥과 죽 7가지

흰밥은 밖에서 실컷 사먹게 되니 집에서 현미와 오분도미로 맛있게 밥 지어 드세요. 모락모락 김이 나는 따끈한 밥 한 술로 시작하는 하루. 어떤 보약보다 든든하다는 걸 먹어본 사람들은 알지요. 일주일에 한두 차례로 시작하자고 마음먹으세요. 뭐든 스트레스 없이 먹어야 좋지요.

쌀이 가진 영양소 : 현미 > 오분도미 > 백미
처음부터 현미식을 실행하기 부담스럽다면 백미보다 껍질을 덜 깎아낸 오분도미 밥부터 시작해서 조금씩 현미 비율을 늘려 보자.

곡류에 따라 밥물 재기
현미밥 : 불린 현미와 물의 비율은 1 : 1.2 정도다. 솥에 쌀을 앉히고 쌀 위로 손을 얹어서 검지의 중간 마디가 덮이도록 물을 넣는다.
오분도미밥과 백미밥 : 불린 오분도미(백미)와 물의 양은 1 : 1 동량으로 맞춘다. 쌀 위로 손을 펴서 검지의 첫째 마디까지 물을 넣는다.

쌀뜨물의 활용
된장국, 미역국, 김치찌개, 시래기 지짐, 생선찌개에 물 대신 쌀뜨물을 넣으면 구수하고, 냄새와 비린내를 잡아준다. 생선 씻기나 화분 물주기, 설거지물로도 좋다.

현미밥

현미는 쌀을 주식으로 하지 않는
서양인들에게도 건강을 위해
꼭 챙겨먹어야 할 식품으로 알려져 있어요.
압력솥으로 밥을 하는 요령을 익히면
흰쌀밥 못지않게 부드럽고 찰진 풍미를 맛볼 수 있답니다.

✛ 재료 4~5인분

현미 3컵, 현미찹쌀 1컵

✛ 준비하기

1. 현미와 현미 찹쌀을 몇 번 휘젓고 재빨리 문대어 첫 물은 버린다.

2. 손바닥을 이용해 살살 문질러서 두세 번 정도 물을 갈아 준다.

3. 계절에 따라 다르지만 아침밥을 위해서는 전날 저녁에 씻어서 5~7시간 정도 불리는 식으로 미리 불려둬야 밥맛이 부드럽다.

✛ 완성하기

1. 하룻밤 불린 현미는 압력솥에 불린 쌀을 붓고 손을 얹어서, 검지의 중간 마디까지가 물에 잠길 만큼(현미 : 물 = 1 : 1.2) 물을 넣는다.

2. 강한 불로 가열해서 압력솥의 추가 소리를 내며 움직이면서 김이 빠지는 소리가 커질 때 중간 불로 낮추고 3분, 다시 약한 불로 줄여 3분 뜸을 들인다.

3. 불을 끄고 자연스레 김이 다 빠질 때까지 뚜껑을 열지 않고 뜸을 더 들인 다음, 뚜껑을 열고 위 아래로 밥을 잘 섞는다.

밥을 예쁘게 담는 노하우
공기에 밥을 다 담은 뒤,
물에 적신 주걱으로 밥알이
흐트러지지 않게끔 마무리
하세요.

세 가지 주먹밥

아이나 어른이나 누구나 좋아하는 주먹밥은
고슬고슬한 밥맛이 중요하지만,
소화력이 약한 아기들을 위해선
조금 진밥도 나쁘지 않아요.

✿ 재료 4인분

오분도미 5컵, 다시마 작은 조각 1개, 소금으로 담근 매실장아찌 2조각, 잔멸치 20g, 브로콜리 100g, 김치와 김치 국물 120g, 김밥용 김 반장, 청주 조금, 현미유 적당량, 소금 적당량, 후추 약간, 들기름(또는 참기름) 3큰술, 통깨 3 작은술

✿ 준비하기

1. 현미보다 조금 더 껍질을 깎아낸 쌀, 오분도미를 3번 정도 씻어 1~3시간 불렸다가 압력솥에 불린 쌀과 물을 동량(검지의 첫 마디를 덮는 정도)보다는 조금 적게 부어야 고슬밥이 된다.

2. 다시마, 소금으로 절인 매실장아찌 한두 개를 얹어서 뚜껑을 닫는다.

   주먹밥은 만든 즉시 먹지 않고 주로 야외나 모임에 가져가서 먹게 되므로, 매실을 넣고 밥을 하면 배탈을 방지하고 소화도 돕는다. 소금으로 담근 매실장아찌가 없다면 매실청에 소금을 약간 쳐서 쓴다.

3. 압력솥을 불에 올려 강한 불에서 가열하다가 김이 나는 소리가 나기 시작하면 중간 불로 3분, 약한 불에서 다시 3분 가열하고 불을 끄고 김이 빠질 때까지 기다린다.

4. 잔 멸치는 프라이팬에 기름을 두르지 않고 청주를 살짝 뿌리며 볶아 비린내를 없앤다. 멸치는 이미 소금기가 있으므로 따로 간을 하지 않는다.

5. 브로콜리를 잘게 다져 중간 불에서 달궈진 프라이팬에 현미유를 둘러, 소금과 후추로 간을 하면서 새파랗게 볶아둔다.

   브로콜리 대신 시금치를 데쳐 살짝 간을 한 뒤 송송 썰어서 사용해도 좋다.

6. 잘게 썬 김치를 중간 불로 데운 프라이팬에 현미유를 두르고 김치 국물과 함께 달달 볶으면서 고춧가루와 멸치액젓을 추가해 색과 간을 맞춘다.

   3가지 재료의 간은 약간 간간해야 더운 날씨에 몇 시간 동안은 쉽게 상하지 않는다. 김치의 경우, 원래 짠 김치라면 멸치액젓을 추가하지 않는다.

7. 김 한 장을 2등분하여 0.5cm로 자른다.

❧ 완성하기

1. 고슬고슬하게 지은 밥을 매실과 다시마를 제거하고 3등분해서 담는다.

2. 준비된 멸치를 넣고 밥알이 부서지지 않도록 주걱을 세워서 밥과 섞는다. 소금, 통깨, 들기름(기호에 따라선 참기름)을 넣어서 다시 한번 잘 섞는다.

3. 준비된 김치를 밥과 섞다가 들기름을 넣고 한번 더 섞어준다.

4. 준비된 브로콜리에 소금, 후추, 들기름만 넣어 밥과 섞는다.

5. 3가지 색깔의 밥을 한입에 쏙 들어갈 크기로 모양을 낸 뒤, 가운데에 김 띠를 둘러 마무리한다.

세가지 주먹밥
멸치주먹밥 ⇨ 브로콜리주먹밥 ⇨ 김치주먹밥 순서로 그릇 하나로 이어서 만들면 설거지를 줄일 수 있어요.

흰죽

흰죽은 아기 이유식으로 또 가끔 배탈 난 어른들도 먹어야 할 때가 생깁니다.
기본이 되는 흰죽 만들기를 익히면 다른 죽을 끓일 때 도움이 된답니다!

흰죽
어른용은 구태여 쌀을 갈 필
요 없이 불린 쌀로 하세요!

✿ 재료 1인분
백미 5큰술, 물 2컵

✿ 준비하기

1. 흰쌀을 처음 씻는 물에서는 재빨리 살살 휘저
   어 물을 버리고, 세 번째 씻은 물에 1시간 정도
   불린다.

2. 필요에 따라 불린 쌀을 절구에 빻거나 방망이
   로 으깨거나 믹서에 살짝 갈아 둔다.

✿ 완성하기

1. 냄비에 불리거나 갈아둔 쌀과 쌀뜨물을 넣고
   물을 1컵 붓는다.

2. 중간 불에서 저으면서 끓이다가 부글부글 끓
   어오르면 나머지 물을 조금씩 붓고 불을 아주
   약하게 낮춘 뒤, 저으면서 3~4분 더 끓인 뒤
   불을 끄고 냄비 뚜껑을 덮은 채로 10~15분 정
   도 뜸을 들인다.

3. 다시 중간 불에 올려 저으면서 끓어오를 때까
   지 익히면 쌀이 퍼지기 시작하는데, 밥알이
   부드럽게 으깨진 모양이면 불을 끈다.

채소죽은 감자, 당근 등 단단한 채소를 잘게 썰어 불린 쌀과 함께
볶은 다음 끓이고, 고기죽이나 전복죽은 쌀을 끓여서 어느 정도
익힌 뒤에 잘게 썰어 참기름에 볶아둔 전복을 더해 끓인다.

감자
콩나물밥

양념장 만들 때 부추를 여유 있게 준비해서
감자 콩나물밥에 넣어 비벼보세요.

♧ **재료** 4인분

오분도미 3컵, 감자 2개, 콩나물 150g, 손바닥 크기 다시마 1장

부추 양념장 : 국간장 1큰술, 진간장 2큰술, 고춧가루 1작은술, 다진 마늘 2작은술, 청양고추 1개(다진다) 송송 썬 부
추 2큰술, 배술 2작은술, 참기름, 통깨 약간씩

♧ **준비하기**

1. 오분도미를 1시간 정도 불려 놓는다.

2. 콩나물을 간단히 물에 헹궈서 콩깍지만 골라낸다.

3. 하지에 수확하는 여름철 햇감자는 껍질이 얇으므로 부드러운 솔이나 손으로 흙을 씻어내
   껍질째로 3~4등분한다. (저장 감자나 싹이 난 감자는 싹과 껍질을 도려내고 쓴다.)

♧ **완성하기**

1. 압력솥에 불린 쌀과 물을 1 : 1 비율로(쌀 위로 손바닥을 폈을 때 물이 검지의 첫 마디만 덮을 정
   도) 넣고, 젖은 행주로 닦은 다시마, 감자를 얹고 그 위에 콩나물을 얹는다.

2. 센 불에서 압력솥 추가 움직여 소리가 나기 시작하면, 중간 불로 낮춰서 3분 더, 약한 불에
   서 다시 3분간 끓여 불을 끄고 김이 빠질 때까지 둔다.

3. 분량의 재료를 섞어 부추 양념장을 만든다.

감자 콩나물밥
배술 만들기 21쪽
참조하세요!
찐 다시마도 총총 썰어서
비벼먹으면 음식쓰레기
제로!

생채비빔밥과
다슬기 강된장

봄과 여름에 쏟아지는 잎채소를 보리밥과 강된장을 곁들여 비벼 먹으면
온몸이 생명으로 충만해지는 느낌입니다.
들깨가루, 들기름으로 식물성 지방을, 된장, 두부로 단백질을
보충할 수 있어서 건강한 여름을 나는 상차림으로 이만한 것도 없지요.

생채비빔밥과 다슬기 강된장
참다슬기, 감자부침가루 등등
모두 생협에서 팔아요!
다슬기 없이 강된장을 끓일
때는 두부와 표고버섯을
넉넉히 넣으세요.

채소가 좋아지는 에코 레시피

✿ 재료 2인분

양배추 20g, 적양배추 20g, 깻잎 6장, 상추 5장, 치커리 한줌 15g, 새싹채소 한줌 15g, 양파(소) 1개, 비트 약간, 볶은 들깨가루 2큰술, 들기름 2큰술, 오분도미 1컵, 찰보리쌀 1컵,

강된장 재료 : 쌀뜨물(또는 멸치육수) 4컵, 멸치가루 1큰술, 된장 2큰술, 표고버섯 2장, 양파(소) 1/2개, 두부 100g, 청양고추 2개, 파 약간, 감자부침가루 2큰술, 참다슬기 100g

✿ 준비하기

1. 오분도미와 찰보리쌀을 씻어서 1시간 이상 불려 오분도미 밥하기(33쪽)와 같은 방법으로 물을 재서 압력솥에 밥을 짓는다. 강된장에 넣을 표고버섯을 쌀뜨물에 불린다.

2. 양배추, 적양배추, 깻잎, 상추, 치커리, 양파, 비트 등 채소는 먹기 좋게 채썬다.

   돌미나리, 쑥, 돌나물 등 집에 있는 어떤 채소든지 좋다. 흰색, 붉은색, 초록색 등 색깔 별로 채소를 쓰면 보기에도 좋고 다양한 영양 성분을 먹을 수 있다.

3. 불려둔 표고버섯을 사방 1㎝ 미만으로 썬다.

4. 양파도 표고버섯 크기로 썰고, 청양고추와 파를 송송 썬다.

5. 두부는 칼등으로 으깨 놓고, 감자부침가루는 쌀뜨물(없으면 물)에 개어 놓는다.

   감자가 싸고 흔한 제철일 때는 감자 1개 정도를 강판에 갈아서 써도 좋다.

✿ 완성하기

1. 다슬기 강된장 끓이기 : 뚝배기에 된장, 멸치가루를 섞고, 으깬 두부, 표고버섯, 양파를 넣고 쌀뜨물(없으면 멸치육수)을 넣어 중간 불에서 끓인다.

2. 끓어오르면서 생기는 거품을 제거하고, 개어 놓은 감자가루를 먼저 넣은 뒤 잘 저으면서 참다슬기, 청양고추, 파를 넣고 걸쭉해질 때까지 빡빡 끓인다.

3. 비빌 수 있는 너른 그릇에 채소를 색깔별로 푸짐하게 돌려가며 놓고 가운데에는 새싹채소와 들깨가루를 올리고 들기름을 더해서 낸다.

닭다리 카레라이스

부엌일을 하지 않는 남자들도 곧잘 하는 카레밥!
여기에 닭다리만 넣어도 화려한 카레라이스로 변신합니다.
사과와 울금가루를 첨가하는 것도 센스!

♧ 재료 4~5인분

닭다리(7~8개) 1팩, 가공 카레분 1봉지(100g), 강황가루(울금가루) 2작은술, 감자(중) 3개, 당근(중) 1개, 양파(중) 2개, 사과(중) 1개, 생강술 3큰술, 물 1L, 소금 · 후추 약간, 현미유 적당량,
흑미밥 재료 : 오분도미 3컵, 흑미 1컵

♧ 준비하기

1. **흑미밥 만들기** : 흑미는 현미와 같은 상태이므로 미리 반나절 이상 충분히 불린다. 오분도미는 1시간 이상만 불리면 되니 따로 씻어 불린다. 두 가지 쌀을 압력솥에 넣고, 물 양은 오분도미로 밥하기처럼 쌀과 물을 1 : 1로 넣는다.

2. 닭다리는 지방 부분을 제거하여 깨끗이 씻어 살집이 있는 쪽으로 칼집을 넣어서 생강술을 끼얹어 둔다.

3. 감자, 당근, 양파, 사과를 한입에 들어갈 정도로 큼직큼직 썬다.

4. 끓는 물에 소금을 약간 넣고 닭다리를 1분 정도 데쳐 체에 받친다.

♧ 완성하기

1. 우묵한 팬에 현미유를 두르고 중간 불에서 감자, 당근, 닭다리를 먼저 볶는다. 소금, 후추로 약하게 밑간을 하고 마지막에 양파를 넣고 볶는다.

2. 여기에 물을 넣고 10분간 끓이면서 거품을 떠내고, 썰어둔 사과를 넣어서 2~3분 더 끓인다.

3. 끓고 있는 국물 한 컵을 떠서 카레가루와 울금가루를 잘 갠 뒤 팬에 다시 붓고, 주걱으로 잘 저어가며 끓인다. 닭고기를 찔러봐서 피가 묻어나지 않고 쑥쑥 잘 들어가면 다 익었으므로, 카레의 농도와 간을 조절해 밥에 얹어 낸다.

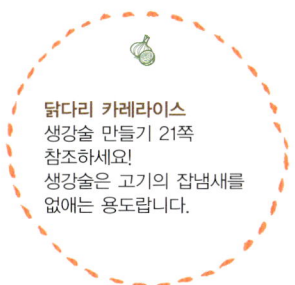

닭다리 카레라이스
생강술 만들기 21쪽 참조하세요!
생강술은 고기의 잡냄새를 없애는 용도랍니다.

단호박죽

집에서 만든 호박죽은 너무 달지 않아 좋지요.
사실 단호박 자체의 단맛으로도 충분해요.

♧ 재료 4인분

단호박 600g, 맷돌호박 400g, 찹쌀가루 500g, 물 4컵, 설탕 3
큰술, 소금 2와 1/2작은술

♧ 준비하기

1. 단호박과 맷돌(늙은)호박은 껍질을 벗기고 씨를 제
   거한 다음 큼지막하게 썰어, 압력솥에 넣고 물을
   호박 위로 찰랑하게 올라올 정도만 넣는다. 뚜껑을
   닫고 센 불에서 추가 움직일 때까지 끓이다가 중간
   불에서 5~6분 더 익힌 뒤 불을 끄고 김이 빠질 때
   까지 뚜껑을 열지 않고 둔다.

2. 물에 잘 씻은 찹쌀을 1~2시간 불렸다가 물기를 완
   전히 없애고 찧거나 갈아서 가루로 만든다. 분량의
   찹쌀가루에 물 3컵을 부어 거품기로 잘 저어둔다.

   찹쌀가루는 한번 만들어서 조금씩 나눠서 냉동실에 보관한다. 생협 등에
   서 판매하는 찹쌀가루를 사용해도 된다.

♧ 완성하기

1. 푹 익은 호박을 블렌더 등을 이용하여 덩어리 없이
   잘 갈아서, 중간 불에 올리고 호박이 복닥거리는
   소리를 내며 끓을 때까지 나무 주걱으로 저어준다.
   한 번 끓어오르면 불을 끈다.

2. 물에 개어둔 찹쌀가루를 부으면서 나무 주걱으로
   젓고, 그릇에 남은 찹쌀가루 물에 물 1컵을 더 붓
   고, 설탕, 소금도 함께 넣어서 솥에 넣은 뒤에, 다
   시 약한 불을 지핀다.

3. 걸쭉한 농도가 될 때까지 저으면서 익힌다.

단호박죽
단호박가루를 팔기도 하지만
호박을 푹 고아서 만들어야
제맛이더군요.

좋은 식재료를 구하는 곳
생협에서 장보기

믿기지 않겠지만 구제역으로 먹을거리 안전을 걱정하던 나는 시골에서 농사짓는 부모님의 농산물을 받는 집을 부러워하다가 급기야 시골로 내려가 직접 농사를 짓고 가축을 키우겠다고 선언했다. 뜨악한 표정으로 한참을 쳐다보던 신랑 왈, "선인장마저 말려 죽이는 주제에 '생활협동조합(줄여서 생협)'이 있어서 다행인 줄이나 아시오!"

신랑 덕분으로 적절한 타이밍에 다시 보게 된 생협이란 곳은 대부분 3만원이라는 출자금을 적립하고 가입서를 쓰면, 이용할 수 있는 소합원 자격이 곧바로 주어진다. 일주일에 한두 번씩 집으로 공급받을 수도 있고 매장에서 직접 사올 수도 있다.

매장에 가면 가장 먼저 눈에 들어오는 싱싱한 채소를 보자. 포장지 겉면의 유기농, 무농약, 저농약 표시와 함께 붙은 명함 같은 것이 있다. 자세히 보면 생산자의 얼굴 사진이다. 소박하게 웃고 있는 모습은 부모님처럼 친밀함이 느껴진다.

생협은 유난스러운 사람이나 이용한다고들 생각하는 통념에 나도 예외는 아니었다. 결혼하면서부터 종종 이용하긴 했지만 대

생협 처음 이용하기

1. 내가 사는 지역이나 직장 주변의 생협 매장을 찾아본다.(생협 찾아보기 참고)
2. 찾아가서 위치를 확인하고 조합원으로 가입한다.
3. 과일, 채소, 육류부터 이용해 본다(처음부터 첨가물이 쫙 빠진 가공식품부터 시작하면 적응이 어려울 수도 있다!). 유기농 과일과 채소의 맛은 먹어보면 단번에 꽂힌다!
4. 두부와 유제품, 양념류와 천연 조미료를 써보면서 곡류와 수산물, 생활용품, 가공식품 정도를 몇 회에 나눠서 이용한다. 시중 제품과 비교해 가격 경쟁력도 있다!

◉ 우리 동네 생협 찾아보기

- 에코생협 www.ecocoop.or.kr
- 두레생협 www.dure.coop
- 한살림 www.hansalim.or.kr
- 한국여성민우회 생협 www.minwoocoop.or.kr
- 아이쿱 생협 www.icoop.or.kr
- 무공이네 http://www.mugonghae.com

형 마트에 익숙했던 나로선 10평 남짓한 구멍가게에서 충분한 식재료를 구할 수 없다고 여겼다. 비싸고, 마트처럼 잘 손질되어 있지도 않아서 조리하기 불편하다는 편견도 있었다.

그러나 생협에선 식료품은 물론 모든 생활용품을 구매할 수 있다. 용도에 맞게 부위별로 손질되어 깔끔하게 포장된 고기류는 모두 항생제 사료를 먹이지 않은 국내산이다.

생선은 포장을 뜯어 바로 구워 먹을 수 있도록 손질됐고, 유정란과 유전자 조작 걱정 없는 우리 콩 두부를 살 수 있다.

라면, 빵, 과자부터 피자와 소시지, 치즈, 요구르트 등 가공식품도 구할 수 있다. 최근에 발견한 것은 족발. 임신 중인 나는 갑자기 족발이 먹고 싶어 남편을 들볶다가 혹시나 생협에서 파는지 전화로 물으니 판다는 것이다. 정말 어지간한 건 다 있다. 채소와 과일부터 구입하기 시작했는데 최근에는 먹을거리 전부와 재생 휴지, 비누류, 화장품과 그릇도 사고 있다.

인터넷으로 농민과 직거래하기

◉ '언니네텃밭' 의 '제철 꾸러미'

다품종 소량생산으로 친환경 농사를 짓는 여성농민 생산공동체와 소비자들이 함께 짓는 공동체이다. 소비자 회원이 월 10만원의 회비를 내어 여성농민 생산자 공동체를 지원하고, 생산자는 월 4회 제철 농산물로 이루어진 꾸러미를 소비자 회원에게 보내준다. 토종 씨앗을 지키는 활동의 의미도 있다. 제철에 생산되는 친환경 농산물을 중심으로 전통적인 가공식품이 함께 온다. http://we-tutbat.org/

◉ '농부로부터' 의 '우리집 생활꾸러미'

매주 또는 격주 간격으로 소비자에게 보내는 직거래 채소꾸러미로 친환경 농산물과 식품 첨가물을 사용하지 않은 가공품으로 구성된다. 꾸러미는 매주 다르게 구성하며 생산 농가 및 농산물, 가공식품에 대한 정보, 그리고 요리 레시피가 적힌 편지도 함께 들어있다. '흙살림' 직영 농가와 회원 농가에서 직접 수확한 인증 농산물을 제공해 안심하고 믿을 수 있는 친환경 농산물을 저렴한 가격으로 서비스하는 것이 장점이다. '흙살림' (http://www.heuk.or.kr)과 '쌈지농부' (http://www.farmingisart.com/)가 함께 운영한다.

시골에서 직접 농사짓는 것처럼 안전한 친환경 식재료를 도시에서 마음 놓고 구할 수 있다는 것이야말로 생협의 진가다. 어쩔 수 없이 철보다 이른 과일과 채소를 팔지만 일반 유통점에서 팔기엔 너무 쉽게 상해 구하기 어려운 완숙 과일이나 토종 과일, 채소들을 접할 수 있다.

또 몸에 좋지 않은 성분이나 가공법, 원산지 등등 너무 많은 걸 한꺼번에 알아야 하는 나와 같은 사람들의 스트레스를 해결해준다. 골치가 아플 땐 그냥 생협을 믿고 이용하면 쇼핑하는 즐거움을 누릴 수 있다.

단점이라면 친환경 식재료라서 오래 보관하기 어렵다는 점. 변질을 막는 코팅이나 보존제, '수확 후 농약' 등 화학물질을 전혀 쓰지 않으므로 금방 상한다. 재워둘 수 없으므로 필요한 만큼만 산다. 무더기로 사지 않으니 자가용을 버리고 뚜벅뚜벅 걷는 이들이나 자전거와 어울리는 가게다. 가격은 절대 고가는 아니다. 단, 현재 소비 수준보다 더 비용이 드는 상황이라면 양은 줄이고 질은 높인다는 전략을 쓰자!

봄, 여름의 김치와 김치말이 국수 7가지

김치는 김장 김치로 겨울과 봄을 나고, 초여름부터 나오는 열무, 무, 고랭지 배추로 봄과 여름을 나지요. 오이나 양배추도 봄과 여름에 흔해서 조금씩 김치를 담가 먹으며 가을 알타리 무 수확기를 기다립니다.

봄, 여름의 김치는 일주일에서 열흘 정도 두고 먹을 수 있게 간을 심심하게 맞추고 여름 입맛을 상큼하게 돋우는 반찬으로 담가보세요. 김치 국물에는 천연 비타민과 무기질 영양소가 풍부하니 버리지 말고 알뜰하게 이용하고요.

물김치의 국물 활용

물김치류는 아무래도 국물이 남게 마련이다. 파뿌리, 무의 밑동, 양파 껍질 등에 표고버섯, 다시마를 더해 끓여서 만드는 채소국물과 여기에 물김치 국물을 섞어 감칠맛 나는 김치 국수를 만드는 데 활용하자. 채소국물은 요리할 때 채소 손질 뒤에 나오는 자투리 채소로 끓여서 식힌 뒤 1회분씩 얼려둔다.

해동을 적당히 한 채소국물에 김치 국물을 합해 믹서에서 빙수처럼 갈면 시원하게 국수를 말 수 있다. 여기에 팩으로 판매하는 천연 사과즙이나 배즙을 첨가하거나 과일 농축액, 과일 식초를 더하면 새콤한 맛도 내준다.

나박김치

겨우내 먹던 김장 김치가 김치찌개용으로 자주 둔갑할 즈음
봄을 기다리며 담가 먹는 김치입니다.
밑반찬처럼 조금씩 자주 만드세요.

나박김치
제일 먼저 도전할 만한 김치
예요. 너무 맛있었거든요. 풀
부터 쑤는 거 잊지 마세요!

✿ 재료

배추(소) 1통, 무(소) 1/2개, 쪽파 한줌(60g), 미나리 한줌(60g), 배(소) 1개, 사과(소) 1개, 홍고추 2개, 청양고추 2개
찹쌀 풀 : 찹쌀가루 3큰술, 손바닥 크기 다시마 1장, 물 3컵
김치 국물 : 생수 7~8컵, 굵은소금 3큰술, 고춧가루 2큰술, 생강 한 마디, 마늘 5개

✿ 준비하기

1. 찹쌀풀은 식혀서 버무려야 하므로 김치 담그기에서는 풀을 제일 먼저 쑨다. 물 3컵에 다시
   마를 넣고 중간 불에서 20분 정도 끓여 다시마를 건져내고, 찹쌀가루 3큰술을 물에 개어
   다시마 우린 물에서 넣고 주걱으로 젓다가 걸쭉한 풀이 되면 불을 끄고 식힌다.

2. 배추는 한 장씩 잎을 떼고, 무는 껍질째 사방 2.5cm 크기로 납작하게 썰어 놓는다.

   나박김치에 쓰는 배추와 무는 소금으로 절이지 않고 국물로 간을 맞추어야, 다 먹을 때까지 배추와 무가 가라앉지 않고 예쁘게 동
   동 뜬다.

3. 배, 양파, 생강, 마늘은 믹서기로 갈고, 사과는 속을 제거하고 껍질째로 8등분 한다.

4. 갈아둔 재료(배, 양파, 생강, 마늘)와 고춧가루, 찹쌀풀을 베주머니에 모두 넣고, 생수 8컵에
   소금 3큰술로 만든 소금물에 베주머니를 담궈서 붉은 물이 고르게 우러나도록 손으로 주
   무른다.

   배추와 무를 미리 절이지 않으므로 국물은 제법 간간하게 한다.

✿ 완성하기

1. 김치 통에 썰어둔 배추와 무, 양념 베주머니, 사과를 골고루 넣고, 4를 살며시 부어 실온에
   서 1~2일 익힌다. 국물이 부글거리며 새콤한 맛이 나면 익기 시작하는 것이다.

   물김치는 빨리 익히는 것이 좋으므로 너무 서늘한 곳에 두지 말고 실온에서 익힌다.

2. 김치를 익힌 뒤에 미나리, 쪽파를 4cm로 썰고 홍고추, 청양고추는 동그랗게 썰어서 넣으면
   색이 누렇게 되지 않으면서 신선하게 먹을 수 있다.

3. 베주머니는 꺼내고, 냉장고에 보관하며 먹는다.

깍두기

4월에서 5월까지도 보관이 잘 된 월동 무(김장 무)를 살 수 있답니다.
싱싱한 미나리가 있다면 함께 넣어서 담가먹어도 별미에요!

✚ 재료

무(중) 2개(약 2kg 분량, 껍질째로 썬다), 굵은소금 3큰술, 미나리가 있을 경우 150g, 양파(중) 3개, 배(소) 1/2개, 쪽파 한줌(60g)

양념 : 고춧가루 1컵, 마늘 5~6개, 생강절임 1큰술, 새우젓 3큰술, 멸치액젓 2큰술, 굵은소금 2큰술, 찹쌀가루 2큰술, 멸치육수 1컵

✚ 준비하기

1. **찹쌀풀 만들기** : 찹쌀가루 2큰술을 멸치육수 5큰술에 잘 개어놓은 뒤, 나머지 멸치육수를 냄비에 넣어서 한번 끓으면 약한 불로 낮추고 찹쌀가루 물을 붓고 잘 저어가며 풀을 쑨 뒤 식혀 놓는다.

2. 무의 거뭇거뭇한 껍질만 없애고 껍질째 사방 5㎝로 도톰하게 썰어서 굵은소금을 고루 쳐서 1시간 정도 절였다가 체를 받쳐 물기를 제거한다.

3. 마늘, 생강절임, 껍질을 벗겨낸 배 1/2개, 양파 1개를 믹서나 강판에 갈고, 파, 미나리는 4㎝ 길이로 썰고, 나머지 양파 2개는 채 썬다.

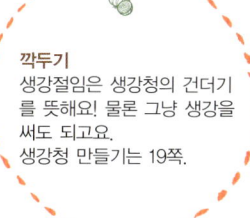

✚ 완성하기

1. 깍두기를 비무릴 넓은 그릇에 무를 담고 고춧가루 1/3컵으로 버무려 미리 물을 들여 놓는다. 이렇게 미리 고춧가루로 물을 들이면 양념색이 더 곱게 나고 양념이 겉돌지 않는다.

2. 찹쌀풀에 갈아놓은 양념, 고춧가루, 새우젓, 멸치액젓을 섞는다.

3. 무와 양념, 쪽파, 미나리, 양파를 넣고 잘 버무려서 간을 보고 싱거우면 소금으로 간간하게 맞춘다.

4. 김치통에 깍두기를 꼭꼭 눌러 담아야 공기가 들어가지 않는다.

   되도록 김치의 양과 꼭 맞는 용기에 보관해야 발효 과정에서 공기와 닿지 않아 맛있게 익는다.

5. 상온에서 하루 이틀 두어 무가 위로 떠오른 듯하면서 새콤한 냄새가 나면 어느 정도 익은 것이니 냉장고에 보관한다.

깍두기
생강절임은 생강청의 건더기를 뜻해요! 물론 그냥 생강을 써도 되고요.
생강청 만들기는 19쪽.

양배추 김치

여름에 귀한 배추 대용인 양배추!
달큼한 맛이 나는 색다른 김치에요

♧ 재료

양배추(대) 1통, 굵은소금 4큰술, 양파(중) 2개, 쪽파 한줌(60g)
양념 : 배(중) 1/2개 또는 배즙 2큰술, 고춧가루 1컵, 다진 마늘 2큰술, 다진 생강(생강청이나 다진 생강절임) 2작은술,
새우젓 5큰술, 멸치액젓 1큰술, 굵은소금 약간, 양파(중) 1개

♧ 완성하기

1. 양배추는 반으로 잘라 심을 제거하고 사방 4
   ㎝ 크기로 썰어서 굵은소금을 뿌려 2시간 정
   도 절여 체에 건져 놓는다.

2. 양파 2개는 채썰고, 1개는 갈아둔다. 쪽파는
   4㎝ 길이로 썬다.

3. 배나 배즙(생협에서 낱개로도 살 수 있다!) 등
   양념 재료를 합하여 양념을 만들어 놓는다.

4. 양배추, 쪽파, 양파를 넣고 양념으로 버무려
   상온에서 하루 이틀 익혀서 냉장고에 보관
   한다.

양배추김치
배추 구하기 힘든 외국에서
해먹기 좋은 김치~

열무김치

여름날 보리밥에 열무김치 비벼 먹는 생각만 해도
입에 군침이 고이네요.
열무김치는 얼갈이배추와 섞어 담가도 좋아요.

♣ 재료

열무 2단, 쪽파 100g, 양파(중) 2개, 청양고추 5~6개, 소금 3큰술
감자(중) 2개, 손바닥 크기 다시마 1장, 물 4컵, 배(중) 1/2개, 양파(중) 1개, 홍고추 5~6개, 고춧가루 4큰술,
마늘 5~6개, 생강절임 2작은술이나 생강 한 마디, 멸치나 까나리 액젓 4큰술, 굵은소금 2큰술
열무 절임용 소금물 : 물 약 5L, 굵은소금 2컵(물에 소금을 넣고 맛을 보아 간간하게 맞춘다.)

♣ 준비하기

1. 감자를 크게 썰어서 물 4컵, 다시마와 푹 끓인다. 감자를 푹 익힌 뒤 다시마를 꺼내고 식힌다.

   역시 먼저 준비할 것은 풀 쑤기. 여름에 먹는 열무김치는 감자 풀이나 보리쌀 풀이 좋다.

2. 열무는 시든 잎과 뿌리에 붙은 흙을 칼로 살살 긁어 없애면서 다듬는다. 두세 번 씻은 뒤에 6~7㎝ 크기로 썬다. 쪽파도 시든 잎과 뿌리 쪽을 다듬어 내고 씻어, 굵은 쪽은 반으로 갈라 4~5㎝로 썬다. 열무는 문대면 문댈수록 풋내가 나므로 먼저 씻어서 썬다.

3. **열무 절이기 :** 김치를 버무릴 수 있는 넉넉한 용기에 열무를 살며시 넣고, 물 5L와 굵은소금 2컵을 타서 붓는다. 1시간 뒤에 열무를 살며시 뒤집어 30분간 더 절인 뒤 체에 받쳐서 물기를 뺀다.

4. 양파 2개를 채 썰어 두고, 1개는 대충 조각을 낸다.

5. 배는 껍질과 속을 제거해 대강 썰고 홍고추도 큼직하게 썰어 마늘, 생강, 조각낸 양파와, 감자, 감자 삶은 물을 믹서에 모두 넣어서 갈아둔다. 청양고추는 어슷썰기하여 따로 둔다.

✿ 완성하기

1. 그릇에 믹서로 갈아둔 양념과 분량의 고춧가루, 멸치액젓을 잘 섞어서 간을 본다. 조금 짭짤하다 할 정도로 굵은소금을 넣어서 간을 맞춘다.

2. 한 쪽으로 양념을 밀어두고, 열무의 반만 퍼서 채썬 양파, 쪽파를 얹은 뒤 양념을 얹는다. 나머지 열무와 남은 양파, 쪽파도 그 위로 올려 가볍게 뒤섞듯이 살살 버무려서 김치 통에 담는다.

   버무릴 때도 열무를 너무 치대면 김치에서 풋내가 난다.

3. 상온에서 하루 이틀 나두면 국물이 부글거리기 시작하고 시큼한 냄새가 난다. 이때 바로 냉장고에 보관하며 먹는다.

열무김치
생강절임 만들기는 19쪽 생강청 만들기를 보세요!
배 껍질을 청주에 담그면 '배술'이 만들어지고요.

열무비빔국수

♣ 재료 2인분

우리밀 통밀 국수 200~250g, 열무김치 건지 300g, 채 썬 오이 50g, 유정란 1~2개
비빔 양념 : 열무김치 국물 1/2컵, 고추장 1/2큰술, 고춧가루 1작은술, 진간장 1작은술,
매실액 1작은술, 생강청 1작은술, 현미식초 1작은술, 참기름 약간, 통깨 약간

♣ 준비하기

1. 국수는 삶아 놓고 유정란도 알맞게 삶아 놓
   는다.
   국수 삶기와 유정란 삶기는 57쪽 '김치말이 국수' 참조

2. 열무김치 건지는 적당한 길이로 잘라 놓고,
   오이는 채 썰어 준비한다.

♣ 완성하기

1. 참기름과 통깨를 제외한 모든 양념 재료를
   잘 섞어서, 삶아 물기를 거둔 국수와 양념을
   비비는데, 고명으로 얹을 열무김치를 100g
   정도만 남겨두고 열무김치도 함께 넣어서 비
   벼준다. 마지막에 참기름과 통깨로 향을 더
   한다.

2. 그릇에 비벼놓은 국수를 얌전히 담아서 국수
   위로 남겨둔 열무김치를 먼저 얹는다. 그 위
   로 채 썬 오이, 유정란을 보기 좋게 올린다.

채소가 좋아지는 에코 레시피

오이 물김치

국물 없이 담그는 오이소박이는 익으면서
나오는 물에 맛이 없어져 외면받기 일쑤지요.
오이 물김치는 익을수록 맛나고 새콤달콤한 국물까지 깨끗하게 먹을 수 있어요!

♧ 재료

오이 10개, 굵은소금 1컵, 부추 한줌. 쪽파 5대, 배(중) 1개, 사과(소) 1개, 양파(중) 1개, 무(중) 1/4개, 홍고추 2개
밀가루풀 : 우리밀가루 2큰술, 손바닥 크기 다시마, 물 3컵
김치 국물 : 생수 7~8컵, 볶은 소금 2큰술, 고춧가루 2큰술, 생강 한 마디, 마늘 5개

♧ 준비하기

1. **밀가루풀 쑤기** : 물 3컵에 다시마를 넣고 중간 불에서 20분 끓이다가 다시마를 건져내고, 밀가루 2큰술을 물에 개서 다시마 우린 물에 넣고 주걱으로 저으며 조금 더 끓여 식힌다.

2. 오이를 깨끗하게 씻어서 이등분한 뒤에 끝까지 다 자르지 않으면서 십자로 가른다.

3. 손질한 오이에 굵은소금 1/2컵을 골고루 묻혀 15분간 절인 뒤 물로 헹군다.

4. 오이가 절여지는 동안 냄비에 물 1.5L와 소금 1/2컵을 넣고 끓여서 3의 오이에 붓고 10분간 뒀다가 찬물에 헹군다.

   뜨거운 소금물에 절여야 오이 맛이 아작아작하다.

5. **오이 속 만들기** : 무를 길이로 먼저 썰어 다시 얇게 채 썰고, 쪽파의 뿌리는 반으로 갈라서 4~5cm로 자른다. 홍고추와 부추도 각각 4cm 길이로 얇고 길쭉하게 썰어둔다. 볶은 소금을 살짝 쳐두어 간간한 양념이 고루 배게 한다.

6. 배, 양파, 생강, 마늘을 분쇄기에 넣고 간다.

7. 생수 8컵에 볶은 소금 2큰술을 탄 그릇을 준비하고, 6과 고춧가루, 밀가루 풀을 베주머니에 넣은 뒤 소금물 그릇에 담근다. 붉은 물이 배어나오도록 베보를 살짝 주무른다.

✿완성하기

1. 절인 오이의 갈라진 틈으로 오이 속 재료를 잘 끼워 넣는다. 속을 채운 오이는 오이물김치를 보관할 용기에 차곡차곡 쌓는다.

2. 사과를 껍질째로 속과 씨만 없애서 8등분하여 고루 넣는다.

3. 준비하기 7의 국물을 붓는다.

사과, 배, 양파만으로도 충분히 단맛이 나므로 되도록 설탕을 넣지 않는다.

오이물김치
베주머니 하나 장만해야겠
어요. 고춧가루를 걸러주니
국물이 깨끗해서 좋아요.

김치말이 국수

김치국물은 훌륭한 자연 발효 주스라 할 만큼 다양한 무기질과 비타민이 녹아 있어요.
여름철 별미 물김치 국물로 만드는 김치말이 국수는
땀으로 지나치게 배출된 염분도 섭취하면서 지친 몸의 열기도 식혀주지요.

김치말이 국수
밥하기 싫은 날, 냉장고 속
김치 국물에 국수와 계란만 삶
아서 솜씨 낼 수 있는 요리!

✿ 재료 2인분

우리밀 통밀 국수 200~250g, 열무김치 160g, 채 썬 오이 50g, 삶은 달걀 1~2개,
물김치 국물 4컵, 채소국물 2컵, 배농축액 2큰술, 사과식초 1큰술

✿ 국수 삶기

1. 큰 냄비의 절반 정도를 물로 채우고 소금을 조금 넣고 팔팔 끓인다.

   국수가 삶아지는 동안에는 거품이 사정없이 올라오기 때문에 재빨리 헹굴 찬물을 미리 준비하는 것이 좋다.

2. 끓는 물에 국수를 부채꼴 모양으로 돌려서 넣고 젓가락으로 저으며 삶기 시작!

3. 국수가 부글부글 끓어오를 때 찬물을 조금 더 넣고 펄펄 끓이기를 3번 정도 반복한다. 이렇게 익
   혀야 물이 넘치지 않으면서 면발이 찰지다.

   찬물을 미리 준비해둔다.

4. 불을 끄고 국수 한 가닥을 손끝으로 잘라서 심이 없어진 느낌이 들면 다 익은 것!

5. 준비해둔 찬물에 헹군다. 찬물에서 여러 번 비벼 헹궈야 미끈거리는 전분이 제거되고 면발이 탱탱
   해진다.

6. 물기가 빠지게끔 체에 둔다.

   국수용 체는 넓고 평평한 소쿠리를 쓰면 1인분씩 나눠 물기를 뺄 수 있다.

✿ 달걀 삶기

98쪽 참조

✿ 국물 만들기

냉동실에 얼려둔 채
소국물이 있다면 살
짝 해동시킨 상태에
서 믹서로 갈아 김치
국물과 섞으면 더 감
칠맛이 나는 국수 국
물을 낼 수 있다. 여기에 사과즙, 배즙 음료, 과일 농축액 그리고 과일 식
초를 더하면 새콤한 맛을 낸다.

채소 자투리로 채소국물 내기 43쪽

✿ 완성하기

국수를 1인분 씩 그릇에 담고 달걀, 오이, 열무김치를 얹어 국물을 옆으
로 살며시 붓는다.

묵은지 요리
2가지

두부김치나 꽁치와 고등어를 넣는 김치찌개엔 묵은지가 어울려요. 김장김치는 두부만 곁들여도 담백하고요. 등푸른생선과 조리면 비린내를 잡아주고 부드럽고 고소한 김치맛을 선사하죠. 이 묵은지 요리를 먹으려고 김장 하는 집도 있답니다!

묵은지찌개로 싸는 도시락 반찬
회사나 학교, 심지어 산행 갈 때도 맛이 변할 수 있는 생김치 대신 묵은지 요리를 싸 가면 꽤나 인기를 끈다. 이 때는 국물이 새어나가지 않도록 하는 게 관건인데, 묵은지찌개를 끓이다가 감자 전분이나 밀가루를 물에 개어서 붓고 흐르는 국물이 나오지 않을 정도로 졸인다. 국물을 그냥 졸이면 너무 짜므로 밀가루나 녹말가루로 짠맛을 조절하기 위한 것이다.

두부 김치

한국의 술안주로 대표 선수라 할 만큼 인기 있는 두부 김치는 밥상에
올리는 반찬으로도 손색이 없습니다. 겨우내 먹고 남은
김장 김치나 푹 쉰 김치와 두부 한 모만 있으면 다른 반찬 없이도
밥 한 그릇 뚝딱 해치워요. 배우기도 쉬워서
요리에 자신감을 주는 착한 아이템이랍니다.

♣ 재료 4인분

묵은지(김장 김치) 300g, 김치 국물 약간, 돼지고기(삼겹살이나 앞다리살) 300g, 두부 250g, 양파(중) 1개,
대파 1뿌리, 고춧가루 1큰술, 생강술 2큰술, 들기름 1작은술, 멸치액젓 약간, 소금 약간,
후추 약간, 멸치육수 2와 1/2컵, 흑임자 약간

♣ 준비하기

1. 묵은지의 밑동은 자르고 한입 크기로 썬다.

   배추김치 밑동을 버리지 말고 되도록 얇게 썰어서 함께 요리한다.

2. 두부를 길이로 반을 갈라서 반 모만 7~8등분한다.

   남은 두부는 물을 채워서 냉장고에 보관한다.

3. 양파는 큼직큼직 채 썰고, 파는 어슷 썰기.

4. 돼지고기는 앞다리살이나 삼겹살로 준비해 끓는 물에 소금, 생강술을 넣고 한번 데쳐 놓는다.

두부 김치
청주와 생강으로 만드는
생강술 21쪽에 수록됐어요!

♣ 완성하기

1. 우묵한 팬(전골팬 종류)을 중간 불에 올려 들기름에 김치, 고춧가루, 멸치액젓을 넣고 잠시
   볶는다. 이때 멸치액젓은 김치 간에 따라 양을 조절한다. 달달 볶다가 양파, 돼지고기를 넣
   고, 김치 국물, 멸치육수를 부어 뒤적거린 후 뚜껑을 덮어 중약 불로 낮추어 15분간 김치와
   돼지고기가 어우러지게 푹 익힌다.

   다 끓인 뒤에 간을 보고 기호에 맞게 멸치액젓으로 조절한다.

2. 냄비에 소금물을 팔팔 끓이다가 두부를 넣고 데치듯이 데운다.

3. 따뜻하게 먹을 수 있도록 내열 전골냄비에 멸치 육수를 1/2컵을 넣고 김치와 두부를 가지
   런히 놓아서 잠깐 데워서 내면 더 좋다. 마지막에 흑임자로 장식한다.

꽁치 묵은지 찌개

꽁치나 고등어, 삼치 같은 등푸른생선도 묵은지와
아주 어울리는 찌개거리랍니다.
꽁치 대신 고등어를 써도 좋은 요리입니다.

♣ 재료 4인분

꽁치 3마리, 묵은지 또는 푹 익은 김치 300g, 김치 국물 약간, 굵은소금 적당량, 대파 1/2 뿌리, 홍고추 1/2개, 청양고추 1개, 물이나 다시마국물 3컵

양념장 : 고추장 1큰술, 고춧가루 1큰술, 다진 마늘 2작은술, 생강청 2큰술, 다진 생강절임 1작은술

♣ 준비하기

1. 꽁치는 비늘을 대강 정리하고 머리, 꼬리, 내장을 제거하여 깨끗이 씻어 2~3등분하고 몸에 칼집을 넣고서 굵은소금으로 약하게 밑간을 한다.

   비린 생선은 쌀뜨물로 씻으면 비린내가 많이 가시고 깨끗해진다. 통조림보다는 싱싱한 생물을 먹어야 첨가물과 방부제에서 안전하다.

2. 김치 속은 털어내고 잘라놓은 꽁치보다 조금 길다 싶게끔 잘라 놓는다.

3. 대파, 홍고추, 청양고추는 어슷썰기.

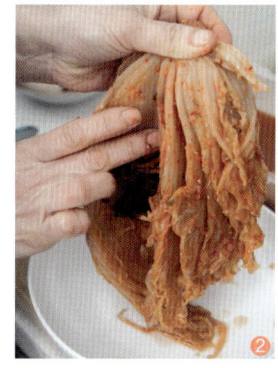

♣ 완성하기

1. 냄비에 김치, 김치 국물을 넣고 잠깐 볶다가 물이나 다시마 국물을 부어서 중간 불에서 끓인다.

2. 김치가 물러졌다 싶을 때 꽁치와 준비한 양념장을 얹고 바글바글 끓인다.

3. 불을 줄이고 대파, 홍고추, 청양고추를 넣고서 조금 더 끓인 뒤에 낸다.

   가정마다 김치의 간은 다르다. 레시피에 의존하지 말고 자기 입맛에 맞는 간을 단계별로 맞춘다. 요령은, 한꺼번에 양념장을 다 넣지 말고 국물을 떠서 간을 보면서 양념장을 넣는 것이다.

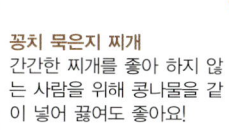

꽁치 묵은지 찌개
간간한 찌개를 좋아 하지 않는 사람을 위해 콩나물을 같이 넣어 끓여도 좋아요!

성조숙증 예방과 치료,
먹을거리에 있다!

"키 커?"

모태 솔로일 것 같은 나에게 애인이 생겼다는 소식에 지인들의 질문은 크게 2가지였었다. 재미있게도 성별로 나뉘었는데 남자의 90% 가량은 "뭐하는 사람인데?(직업이 뭔데?)"였고, 99%의 여자는 키를 물었다.

여자 중에서 키를 묻지 않았던 단 한명은 바로 우리 엄마였다. 당시로서는 상당히 큰 키인 180cm 남편과 40여 년을 살아온 친정 엄마는 키 크면 옷 사고 신발 사기 힘들고, 큰 옷 빨래하고 다리기도 힘들어 피곤하기만 하다는 것이다. 그래도 이제 만 3살 된 남자 조카를 키우는 올케는 틈틈이 말한다.

"얼굴은 못생겨도 키는 컸으면 좋겠다."

그래선지 요즘은 또래보다 키가 작다는 이유로 아이들이 병원에도 들락날락 한다고 한다. '조기 사춘기'를 맞는 성조숙증으로 일찍 성장판이 닫혀 키가 크지 않아서다.

책《나의 살던 고향은 꽃피는 자궁》과 《머리가 좋아지는 아이 밥상의 모든 것》을 쓴 이유명호 한의사가 말하는 아이들 성조숙증 원인과 예방법을 알아보자.

기름-육류-밀가루-음료수 4가지를 조심하자

성조숙증은 2차성징이 나타나는 시기가 보통보다 빠른 것을 말하는데, 여아는 만 8세 이전, 남아는 만 9세 이전에 유방이 발달하거나 고환이 커지기 시작하는 2차 성징이 나타나는 것을 말한다. 얼마 전 뉴스 보도에 의하면 지난 5년 간 성조숙증으로 치료받은 아동수가 5배나 늘었다고 한다.

여성에게 있어 초경을 시작하도록 하는 몸의 기관은 부신이다. 부신은 몸에 축적된 체지방의 양으로 초경 여부를 결정하게 되는데, 그 이유는 아기를 갖게 될 때 최악의 외적인 상황을 염두에 두고 최소한의 지방을 필수조건으로 여기기 때문이란다. 그 기준이 약 40kg이다. 이 정도의 몸무게가 되면, 부신은 아기를 가질 수 있다고 판단하고 준비를 시작하게 된다. 문제는 이렇게 2차 성징이 나타나게 되면, 키를 비롯한 일반적인 성장에는 제동이 걸린다는 것이다.

이유명호 한의사는 이러한 원인을 급격한 식습관의 변화에서 찾았는데, 그중에서도 기름, 육류, 밀가루, 음료수라는 4가지의 섭취량 증가에 주목한다.

일상화된 튀김요리와 볶음요리 등으로 기름 섭취량의 엄청난 증가, 성장촉진제와 항생제 사료를 먹인 육류의 과잉섭취, 정제된 쌀과 밀가루 식품, 패스트푸드와 과자로 섭취하는 엄청난 탄수화물의 양이 비만을 부르고 성조숙증의 원인이 된다는 것이다.

특히 성장촉진제를 다량 투여한 고기와 우유는 우리의 몸도 커지게 만들고 있다. 소에게 주사하는 성장촉진제들은 의사가 사람에게 쓰는 성장호르몬과 크게 다르지 않다고 한다. 육류 섭취가 많은 여아는 성조숙증(이른 초경)이 오고, 남아들은 여성 호르몬이 과다해져서 여성형 유방을 가지거나 성기가 덜 크는 문제가 생길 가능성이 높아진다고 하니, 아찔하다.

이유명호 한의사가 제안하는 성조숙증에 대한 해법은 4가지 식품의 섭취를 줄여가는 것이다. 기름을 덜 사용하는 방법으로 조리하고, 육류와 밀가루는 아주 적게 먹고, 쌀만 먹지 말고 잡곡이나 고구마와 감자 등의 다양한 열매채소를 섭취하는 것, 그리고 음료수가 아니라 물을 마시는 것이다.

아이들 밥상에서 유발되는 성조숙증 예방하기	
육류	성장호르몬과 항생제를 투입한 사료로 키우는 육류 섭취를 피한다. 친환경 육류도 되도록 적게 먹는다. ➡ 다양한 잎과 뿌리, 열매 채소로 먹는다.
기름	비만을 부르는 튀김과 볶음 요리를 피한다. 정제유가 아닌 압착식 기름(참기름, 들기름 등)도 적게 먹는다. ➡ 기름을 쓰지 않는 국과 조림 반찬으로 먹는다.
밀가루	과자, 빵, 라면 등 가공식품을 피한다. 탄수화물 함량이 높은 밀가루, 흰쌀로 만드는 식품은 비만을 부른다. ➡ 현미와 콩 등을 섞은 잡곡밥, 과일로 먹는다.
음료수	GMO 옥수수로 만든 옥수수 시럽과 설탕으로 만든 정크푸드를 피한다. ➡ 깨끗하고 안전한 물로 먹는다.

두부 요리
6가지

흰콩, 서리태, 쥐눈이콩으로 요즘 다양하게 두부를 만들어 먹습니다. 시중에서 살 땐 꼭 우리콩으로 만든 두부를 고르세요. 첨가물도 없어야 하고, 재료도 안전한 두부를 먹어야 효과만점입니다. 찬거리가 없어도 두부 한 모만 있으면 밥 한 끼는 거뜬하니, 두부는 장 볼 때 꼭 챙기고요.

두부지짐

양념장 없이 먹어도 고소한 두부지짐!
양념장을 끼얹어주면 모양도 나고 정성스러워 보이지요.

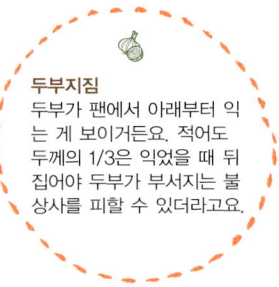

두부지짐
두부가 팬에서 아래부터 익는 게 보이거든요. 적어도 두께의 1/3은 익었을 때 뒤집어야 두부가 부서지는 불상사를 피할 수 있더라고요.

✿ 재료

두부 420g 한 팩, 볶은소금 약간, 현미유 약간, 송송 썬 파 약간, 흑임자 약간, 아래 양념장 재료들

✿ 준비하기

1. **양념장 만들기** : 진간장 1작은술, 국간장 1/2작은술, 배술 1작은술, 다진 마늘 1/2작은술, 다진 파 1작은술, 생강청 1/2작은술, 고춧가루 1/2 작은술, 다진 청양고추 1작은술, 통깨, 들기름 약간을 잘 섞는다.
2. 두부 한 모를 두툼하게 6등분해 썰고 소금을 살짝 뿌려서 간이 배도록 약 10분간 뒀다가 물기를 제거한다.

✿ 완성하기

1. 센 불에서 달군 팬을 중약 불에 놓고 현미유를 넉넉히 두르고 두부를 지진다.

   노릇노릇하게 지지려면 생각보다 시간이 걸리므로 성급하게 뒤집어서 두부가 부서지지 않게 하는 게 관건이다.

2. 팬이 잘 달궈지지 않으면 두부가 눌러붙어 버린다. 스테인리스 팬도 좋지만 무쇠 철판에 지져야 제맛. 용기의 철분을 자연스레 섭취할 수도 있다.

3. 그릇에 조심스럽게 담아서 양념장을 뿌리고 송송 썬 파와 흑임자 고명을 얹는다.

두부 고추장 찌개

늦은 봄과 여름, 된장찌개 맛이 텁텁하게 느껴질 때 칼칼한 맛으로
간단하게 끓여 내는 소박한 찌개입니다. 고추장과 고춧가루의 비율은 기호에 맞추세요.
진한 맛을 내려면 고추장을, 깔끔하게 칼칼한 맛이 좋으면 고춧가루를 더 많이 넣으세요!

두부 고추장 찌개
육수는 멸치육수, 다시마국물, 채소국물 등 뭐든지 사용해도 좋습니다~

❀ 재료 4인분

찌개용 두부 1/2모, 육수 3컵, 고추장 1큰술, 고추가루 1작은술, 애호박 50g, 양파(중) 1/4개, 청양고추 1개, 다진 마늘 1작은술, 새우젓 약간, 어슷썬 파 약간

❀ 준비하기

1. 두부를 먹음직스러운 한 입 크기로 썰고, 호박은 반달썰기를 한다.
2. 양파는 너무 얇지 않게 채썰기 한다. 청양고추, 파는 어슷썰기.

❀ 완성하기

냄비에 육수 3컵을 넣고 고추장과 고춧가루, 마늘을 넣고 끓이다가, 썰어 놓은 양파, 호박, 두부를 넣고 2~3분 끓여 새우젓으로 간을 맞춘 다음, 청양고추와 파를 넣고 한 번 더 끓여 낸다.

두부 잔치국수

구수한 맛이 그리워 자주 생각나지만 끼니로는 조금 부실한 잔치국수,
단백질이 풍부한 두부를 뭉턱 넣어서 먹으면 아주 든든해요!

✚ 재료 4인분

우리밀 국수 500g 한 봉지, 찌개용 두부 420g 한 팩, 멸치육수 9컵, 진간장 2큰술, 국간장 1큰술,
멸치액젓 1/2큰술, 볶은 소금, 고명용 부순 김, 아래 양념장 재료들

✚ 준비하기

1. 국수를 삶아서 물기를 빼둔다. (국수 삶기 57쪽)

✚ 완성하기

1. **양념장 만들기** : 분량의 재료를 오목한 그릇에 담는다. 진간장 1큰술, 국간장 2작은술, 배술 1
   큰술, 다진 마늘 2작은술, 다진 파 1큰술, 생강청 2작은술, 고춧가루 1작은술, 다진 청양고
   추 1큰술, 통깨, 참기름

   양념장은 그때그때 필요한 만큼만 만들어 먹어야 맛과 색이 좋다. 참기름은 제일 나중에 섞어야 다른 양념들이 골고루 섞인 맛이
   살고, 참기름 풍미도 산다.

2. 멸치육수 9컵에 분량의 진간장, 국간장, 멸치액젓을 넣어 끓여서 식성에 따라 소금으로 마
   지막 간을 맞춘다.

   국물의 간이 간간해야 제맛이 난다.

3. 별도의 냄비에 2의 육수를 한 컵 넣고 찌개용 두부를 손으로 큼지막하게 뭉턱뭉턱 잘라서
   넣고 잠깐 데운다.

4. 이제, 삶아 놓은 국수를 그릇에 담고, 2의 육수를 넣었다가 다시 냄비에 따라 낸다. 이 때
   국물 냄비의 불을 줄이고 식지 않게 잠깐 끓인다.

5. 데운 국수에 데운 두부를 푸짐하게 올리고 뜨끈한 육수를 2컵씩 붓는다. 양념장과 김은 식
   성대로 먹을 수 있도록 따로 낸다.

두부 잔치국수
국수 좋아하는 가족에게 선
물 같은 아이디어 요리!

쑥갓 두부 무침

쑥갓은 니코틴 성분을 배출하는 효능이 있대요.
꼭 챙겨 먹어야 할 분들이 특유의 향을 즐기면서
고기 없이 쑥갓을 먹을 수 있는 요리법입니다!

♧ 재료

쑥갓 150g 한 봉지, 두부 약 60g(두부 큰 팩 1/6 정도), 국간장 약간, 볶은 소금 약간, 다진 마늘 1/2작은술, 다진 파 1작은술, 참기름, 통깨

♧ 완성하기

1. 시들은 쑥갓 잎만 다듬어 줄기와 잎이 많은 부분을 갈라놓는다.

    줄기까지 먹는 채소는 잎과 줄기를 나눠서 데치면 알맞게 익는다.

2. 냄비에 소금 약간 넣은 물을 팔팔 끓이다가 줄기를 먼저 넣고 1분 정도 데친 뒤, 잎 부분도 마저 넣고서 곧바로 찬물에 헹구어 물기를 빼고 적당한 크기로 썬다.

    데치는 조리법을 쓸 때는 항상 미리 찬물 그릇을 대기시켜 놓으면 허둥거리지 않는다.

3. 두부를 손으로 꽉 짠 뒤 칼등으로 으깨고, 소금, 다진 마늘, 다진 파, 국간장을 넣고 조물조물 밑간을 한다.

4. 3에 데친 쑥갓을 합해 다시 무치면서 소금으로 마지막 간을 맞추고, 통깨, 참기름을 넣고 무친다.

♧ 일반적인 양념 더하기 순서

설탕 ⇨ 소금 ⇨ 간장 ⇨ 식초 ⇨ 참기름 ⇨ 들기름 ⇨ 깨

깨소금과 참기름, 들기름은 나른 양념을 다 하고 마지막에 더해야 재료에 간이 잘 배고 풍미를 낸다. 또 현미식초와 같은 발효식초도 다른 양념보다 먼저 넣으면 시금털털한 맛을 남길 수 있으니 나중에 넣는다.

두부 강황 조림

조림 음식은 한 번 만들 때 2~3회 먹을 수 있는 양으로 요리하세요.
장수 식품으로 소문난 강황과 생강, 매실로 조려서
환절기 면역력을 길러주고 아이들이나 자극적인 음식을 먹지 못하는 분들에게
좋은 두부조림법이지요.

♧ 재료 4인분 2~3회분

(부침용)두부 420g 한 팩, 감자 전분, 굵은소금, 현미유

조림장 재료 : 채소국물(없으면 물) 2컵, 진간장 2큰술, 소금 약간, 생강청 1큰술, 생강술 1큰술, 매실장아찌 2큰술, 매실청 1큰술, 조청 2큰술, 강황가루(울금가루) 2작은술

♧ 준비하기

1. 두부 한 모를 7등분하여 굵은소금과 전분을 조금 뿌려 1시간 이상 서늘한 곳에 놓아둔다.

2. 팬을 센 불로 따끈하게 달군 후 중약 불로 낮추고 현미유를 두르고 노릇하게 지진다. 태우거나 두부에 너무 색이 돌지 않게 부친다. (두부 지지는 요령 68쪽)

3. 지져 낸 두부를 서늘한 곳에서 한두 시간 두면서 뜨거운 기운을 뺀다. 저녁상에 올릴 것이라면 점심상을 준비할 때 미리 부쳐두면 좋다.

♧ 완성하기

1. 조림장 재료를 우묵한 팬에 모두 담고, 중간 불로 보글보글 끓이다가 식혀 둔 지진 두부를 넣고 점성이 생길 때까지 6~7분간 더 졸인다.

2. 두부를 두 조각씩 겹쳐놓고 칼로 3등분해 접시에 담는다. 조림장에서 매실을 꺼내 고명으로 얹는다.

2~3회 나눠서 먹을 때마다, 조림장의 매실장아찌를 걸러내 따로 보관한 조림 국물을 넣고 데워 먹으면 좋다.

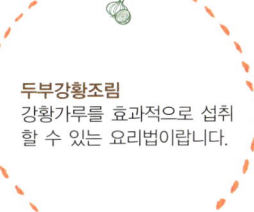

두부강황조림
강황가루를 효과적으로 섭취할 수 있는 요리법이랍니다.

버섯 들깨 순두부탕

버섯과 들깨를 넣는 순두부탕은 매운 음식을 먹지 못하는 아이와 어른들,
자극 없이 부드러운 유동성 음식을 먹어야 할 때 좋아요.
매콤한 맛을 원할 때는 청양고추를 썰어 넣으세요!

✤ 재료 2~3인분

순두부 300g, 느타리버섯 60g(크지 않은 것 5~6가닥), 표고버섯 한 잎, 감자(중) 1/2개, 양파(중) 1/4개,
청양고추 1개, 팽이버섯 약간, 쑥갓 약간, 육수 2컵, 찹쌀가루 2큰술, 국간장 1큰술, 멸치액젓 적당량,
들깨가루 3큰술

✤ 준비하기

1. 느타리버섯의 끝부분만 제거하고 길이로 잘 찢어 놓는다. 표고버섯은 잘게 썬다. 버섯류는
   물로 씻을 필요 없이 툭툭 털어서 이물질만 털어도 된다.

2. 감자는 빨리 익을 수 있도록 작고 납작하게 썰고, 양파도 감자처럼 네모나게 썬다.

3. 물 3큰술에 찹쌀가루를 잘 개어 놓는다.

✤ 완성하기

1. 냄비에 육수 1컵과 감자를 넣고 2분간 끓인 뒤 감자를 건져둔다.

   멸치육수나 다시마 국물이 없다면 물에 표고버섯과 감자를 함께 넣어서 5분 정도 끓인다.

2. 불을 낮추고 찹쌀가루 개어 놓은 것을 1에 합하면서 주걱으로 젓다가 들깨가루 1큰술을 넣
   고(이렇게 찹쌀들깨소스가 만들어진다), 국간장과 멸치액젓으로 미리 간을 맞춘다.

   나중에 순두부가 들어갈 것을 감안해서 간간하게 맞춘다.

3. 다른 작은 냄비에 육수 1컵을 끓여 순두부를 넣고 충분히 데운다.

4. 3을 하는 동안 2의 찹쌀들깨소스에 감자, 느타리버섯, 표고버섯, 양파, 청양고추를 넣고 약
   한 불에서 끓인다.

5. 감자는 이미 한 번 익혔으므로 양파가 알맞게 익었을 때 3의 데운 순두부 내용물을 붓고 한
   소끔 더 끓인 후 고명으로 팽이버섯과 쑥갓, 들깨가루를 듬뿍 얹는다.

버섯 들깨 순두부탕
자극이 두려운 소심한 위장
을 위로할 때 딱 좋은 요리!
그야말로 보신탕이예요~

버섯 요리
2가지

버섯은 워낙 쓰임새가 좋아 이런저런 요리에서 빠지지 않아요.
그래서 반찬 겸 와인 같은 가벼운 술상의 안주로 올릴 수 있는
것으로 딱 2가지만 선보입니다. 버섯은 금방 변색해요. 그러니
사왔던 대로 잘 밀봉해서 냉장보관하고요, 가능한 사나흘 안에
요리하세요.

느타리버섯 볶음

포장된 느타리버섯 한 통, 양파, 피망으로 간단히 만드는 버섯 반찬.
버섯은 칼로리도 적고 항암 효과도 있다지요?
빨리 쉽게 만들 수 있어 바쁠 때 해먹기 좋아요!

♧ 재료 4인분

느타리버섯 300g, 양파 1개, 피망 1개, 현미유, 멸치액젓 1/2작은술, 소금 적당량, 후추 약간

♧ 준비하기

1. 소금을 넣어서 끓인 물에 손으로 찢은 느타리버섯을 넣어서 재빨리 데친다. 데친 느타리버섯을 찬물에 얼른 헹궈서 꼭 짠 후, 멸치액젓을 넣고 조물조물 주물러 밑간을 해 둔다.

2. 양파와 피망은 채썰기

양파를 만진 손으로 눈이나 코를 만지지 않는다. 피망은 칼로 반을 가르고 꼭지와 씨가 붙은 부위는 버린다.

♧ 완성하기

1. 달군 팬에 현미유를 두르고 채 썬 양파와 약간의 소금을 넣고 살짝 볶는다.

2. 준비해 둔 느타리버섯을 합해서 볶다가 피망도 넣어 재빨리 볶으면서 소금, 후추로 마지막 간을 본다.

느타리버섯 볶음
느타리버섯은 씻을 필요없이 찢어서 바로 데치면 그만이예요!

새송이버섯 볶음

반찬은 물론 와인 안주로도 어울리는
초 간단 영양 만점 요리

✤ 재료 4인분

새송이버섯 150g, 브로콜리 100g, 마늘 40g, 소금, 후추 약간, 현미유 약간, 올리브유 약간

✤ 준비하기

1. 새송이버섯을 둥글게 썬다. 마늘은 편으로 썬다.

2. 깨끗이 씻은 브로콜리를 작은 송이 모양을 살려서 자르고, 철분과 칼슘이 많이 함유된 잎
   과 줄기까지 길이 3~4cm로 얇게 썰어서 소금물에 살짝 데친다.

✤ 완성하기

1. 중간 불에서 달군 팬에 현미유를 두르고 마늘을 먼저 볶으면서 기름에 마늘향을 내고, 이
   어서 새송이버섯을 볶으면서 소금, 후추로 간을 한다.

2. 데친 브로콜리는 마지막으로 넣고 다시 소금, 후추로 마무리 간을 하고 올리브유를 한 바
   퀴 돌려서 뿌려 풍미를 더한다.

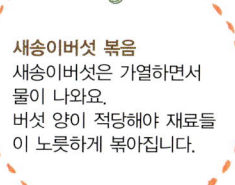

새송이버섯 볶음
새송이버섯은 가열하면서
물이 나와요.
버섯 양이 적당해야 재료들
이 노릇하게 볶아집니다.

감자요리 5가지와
청국장 마요네즈

하얀 꽃핀 건 하얀 감자 보나마나 하얀 감자
자주 꽃핀 건 자주 감자 보나마나 자주 감자

초여름 시장에 쏟아지는 햇감자에는 절로 손이 갑니다. 포실포실하게 쪄
먹는 그 맛은 그때 아니면 느끼지 못하니까요.
햇감자로 찐 감자는 껍질째 먹으세요. 모든 과일과 채소의 가장 좋은 영양
소는 껍질 부분이라잖아요! 땅속에서 자라는 열매채소는 더 깐깐하게 제
초제나 화학비료 없이 재배한 걸로 장을 보시고요.

햇감자 보관 요령 : 햇감자가 출하될 때 충분히 사서 겨울까지 보관하며 먹을 수 있다. 다만 감
자는 서늘하고 전혀 빛이 들지 않아야 싹도 더디 나고 녹변현상을 막을 수 있다. 라면박스 같은
종이상자에 한 손으로 감자를 꺼낼 수 있을 정도의 문을 내두고 사용한다. 완전히 오려내면 빛
이 들어가므로 상자에 문이 붙어있게 한다.

찐 감자

초여름부터 출하되는 햇감자는 껍질이 얇아서 껍질째 먹습니다.

출출할 때 쪄먹는 간식으로 이만한 게 없지요

♧ 재료

감자, 굵은소금

♧ 완성하기

1. 감자가 잠길 정도로 물을 붓고 소금을 약간 넣어서 강한 불에서 뚜껑을 닫고 끓이다가 완전히 익기 전에 물은 조금만 남기고 따라낸다.

2. 다시 뚜껑을 닫고 중간 불로 낮추고 뜸 들이듯이 익히다가 젓가락으로 찔러 푹 들어가면 뚜껑을 열어 김을 빼주고 물이 다 없어 질 때까지 2~3분간 졸이듯이 익힌다.

알감자 조림

밥 한 숟가락 덜 먹는 대신 알감자 조림을 먹는다면
칼로리 걱정은 조금 덜지 않을까요?

✤ 재료 4인분 2회

알감자 500g, 볶은소금 2작은술, 손바닥 크기 다시마, 물 4컵, 진간장 1/3컵, 생강청 1큰술,
설탕 3큰술, 청주 1큰술, 조청 1/2컵, 참기름 약간, 통깨 약간

✤ 준비하기

1. 알감자를 껍질째로 물에 넣고 비벼가며 깨끗이 씻어 둔다.
2. 우묵한 팬에 볶은소금, 다시마, 감자를 넣고 감자가 충분히 잠길 만큼 물을 부어 뚜껑을 닫고 감자
   가 반 정도 익도록 7~8분 익힌다. 다시마를 꺼내서 사방 1㎝ 정도의 마름모꼴로 썰어 둔다.

   우려낸 다시마도 영양분과 섬유질이 많이 남아 있으므로 버리지 말고 재료와 어울리게 썰어서 같이 조린다.

✤ 완성하기

1. 감자 익힌 물을 1컵 정도 따라내고, 썰어 놓은 다
   시마, 진간장, 생강청, 청주, 설탕을 넣고 다시
   뚜껑을 닫아 5분 정도 더 익힌다.
2. 뚜껑을 열어 조청을 더하고 국물이 반 이하가 될
   때까지 조려서 참기름, 통깨로 마무리 한다.

   알감자는 익힐수록 뭉그러지기 쉬우니 자주 뒤적거리지 말고 팬을 흔
   들어 간이 배게 한다.

감자 브로콜리 수프

부드럽고 담백한 수프가 먹고 싶을 때 간단하게 해드세요.
출근하기 바쁜 아침 식사로도 거뜬합니다.

✿ 재료 2인분

감자(중) 2~3개, 브로콜리(중) 1/2개, 양파(중) 1/2개, 두유 2컵, 소금, 올리브유(현미유)

✿ 준비하기

1. 브로콜리는 시든 부위와 홈집만 제거하고 줄기와 잎까지 작게 썬다.

   브로콜리의 딱딱한 줄기는 데치면 부드러워진다.

2. 감자는 껍질과 씨눈을 제거하고 적당히 납작한 크기로 썰고, 양파도 적당하게 썬다.

✿ 완성하기

1. 냄비에 감자와 물, 소금을 약간 넣고 2~3분 끓인다. 감자는 다시 볶을 것이므로 완전히 익힐 필요는 없다. 같은 물에 준비해 놓은 브로콜리도 데친다.

2. 프라이팬에 올리브유나 현미유를 살짝 두르고 양파와 끓인 감자를 넣고 양파가 반투명해질 때까지 볶는다.

3. 장식용 브로콜리를 조금 남기고, 모든 재료에 두유 1컵을 넣고 믹서나 블렌더로 간다.

4. 3을 냄비에 담고 나머지 두유 1컵을 넣으면서 약한 불에 나무 주걱으로 천천히 저으며 데운다.

감자 브로콜리 수프
아기 이유식용은 삶은 감자와 데친 브로콜리, 두유를 넣고 믹서나 블렌더로 갈아서 데우면 끝! 기름기를 싫어하는 어른도 마찬가지죠!

감자 과일 샐러드

어릴 적부터 마요네즈 넣은 샐러드를 먹었던
세대들에겐 놓칠 수 없는 샐러드지요.
마요네즈를 직접 만들어 보세요.
샐러드 먹는 기분이 색다를 거 같네요

✿ 재료

감자(중) 4~5개, 양배추 50g, 오이 1/2개, 사과(소) 1/2개, 참다래 1개, 딸기 5~6알, 말린 감 2쪽
마요네즈 5큰술 : 방부제와 첨가물 없는 청국장 마요네즈 만들기 92쪽

✿ 준비하기

1. 껍질을 벗긴 감자를 소금을 약간 넣은 끓는 물에서 15분 정도 익힌다.
2. 양배추는 채썰고, 오이는 동그랗고 얇게 썰어 각각 소금으로 절여 놓았다가 물기를 꼭 짠다.
3. 사과는 작게 납작썰고, 딸기와 참다래도 먹기 좋은 크기로 자른다. 감말랭이는 잘게 썬다.
4. 다 익은 감자를 으깬다.

✿ 완성하기

1. 감자와 마요네즈를 먼저 섞은 뒤, 나머지 과일 재료를 넣어서 섞는다.
2. 남겨둔 감말랭이를 조금 얹어서 모양을 낸다.

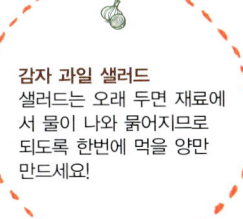

감자 과일 샐러드
샐러드는 오래 두면 재료에서 물이 나와 묽어지므로 되도록 한번에 먹을 양만 만드세요!

올리브유로 만드는 청국장 레몬 마요네즈

방부제와 첨가물이 없는 마요네즈 만들기는 생각보다 어렵지는 않아요. 그렇지만 워낙 많은 기름이 들어가니 일반 식용유보다는 되도록 올리브유를 쓰세요. 마요네즈를 직접 만들어 보면 마요네즈 주성분을 알게 되고 그래서 먹는 양도 줄일 수 있답니다!

♣ 재료

유정란 1개,
레몬 1/2개(껍질에 왁스 코팅을 하지 않은 친환경 레몬이 향긋하다.)
식초 약간, 청국장가루 1작은술
설탕 1작은술(정제하지 않은 유기농 설탕)
소금 1/2작은술, 후추 약간, 올리브유 1컵(200cc)

♣ 준비하기

1. 유정란은 미리 실온에 두어 차지 않게 준비한다.

2. 레몬 껍질을 잘게 썰어둔다.

3. 레몬즙을 짠다. 레몬즙과 식초의 총량이 3큰술(45cc)면 좋다.

♣ 완성하기

1. 깊은 유리 용기에 올리브유 약간, 설탕, 소금, 후추, 유정란, 청국장가루를 넣고 블렌더를 위아래로만 움직여 재료를 잘 섞는다.

2. 올리브유를 조금 더 부어 점성이 강해지면 레몬즙, 식초, 올리브유를 번갈아 넣으면서 블렌더를 계속 작동시킨다.

올리브유를 한 번에 넣지 않는 것이 포인트다. 청국장이나 레몬을 빼도 마요네즈는 만들어진다. 기호에 따라 당귀 잎이나 서양 겨자를 넣는 응용도 가능하다.

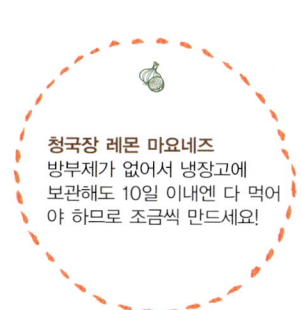

청국장 레몬 마요네즈
방부제가 없어서 냉장고에 보관해도 10일 이내엔 다 먹어야 하므로 조금씩 만드세요!

뽕잎가루
감자 수제비

뽕잎에는 루틴과 비타민P가 풍부하고 녹차와 달리 카페인이 없어 걱정 없이
우리밀가루와 섞어 먹을 수 있어요.
감자를 넣고 끓인 구수한 수제비 드셔 보세요.

✤ 재료 4인분

감자(중) 2개, 애호박(중) 1/4개, 청양고추 1개, 부추 한줌, 국간장 2작은술, 멸치액젓 2작은술, 소금 1작은술

수제비 반죽 : 뽕잎가루 2큰술, 우리밀가루 400g, 소금 1/2작은술, 물 1컵

양념장 : 진간장 1큰술, 국간장 2작은술, 배술 1큰술, 다진 마늘 2작은술, 다진 파 1큰술, 생강청 2작은술, 고춧가루 1작은술, 다진 청양고추 1큰술, 통깨 약간, 참기름 약간

황태 육수 : 물 8컵(1인당 2컵), 다시마, 표고버섯, 파뿌리, 양파, 무, 황태머리

✤ 준비하기

1. 우리밀가루, 뽕잎가루, 소금을 믹싱볼에 넣고 물을 조금씩 부으며 치댄다.

   손바닥을 이용해 힘을 줘서 '애기 귓볼'처럼 말랑말랑하게 반죽이 되면 비닐에 싸서 1시간 이상 그대로 둔다.

2. 준비된 육수 재료에 황태머리만 찬물에 깨끗이 씻어 넣어서 끓이는데, 강한 불에서 끓기 시작하면 중간 불로 낮춘 뒤 20~30분간 끓이다가 황태머리는 건져 놓는다.

3. 육수가 끓는 동안 감자를 먹음직스러운 크기로 넓적넓적 썰고, 애호박은 반달썰기로, 부추는 4~5㎝로 잘라 놓는다.

✤ 완성하기

1. 끓고 있는 육수에 국간장, 멸치액젓, 소금으로 간을 한 뒤 감자를 먼저 넣고 수제비를 얇게 뚝뚝 뜯어 넣는다.

2. 애호박, 청양고추, 부추 순으로 넣어 끓인다. 채소를 넣은 뒤에 끓어오르면 국자로 몇 차례 휘저어서 완성한다.

3. 양념장을 만들어서 함께 낸다.

뽕잎가루 감자 수제비
육수용 황태머리도 생협에서 팔아요! 보리밥과 함께 먹어도 좋습니다.

달걀 요리 4가지

음식 만들기에 초보일수록 장볼 때 달걀은 사고 보는데요.
이 책에서는 기름을 덜 쓰고 달걀을 섭취할 수 있는 삶은 달걀,
달걀찜을 소개합니다. 달걀 프라이나 계란말이 대신 말이죠!
대신 올리브유를 곁들인 토스트나 토마토와 함께 만드는 달걀
요리법이 실렸습니다.
되도록 건강한 닭이 낳은 유정란으로 장을 봐서, 며칠 내로 요리
할 게 아니라면 반드시 냉장 보관 하세요.

생협이나 한살림에서 구할 수 있는 유정란의 장점

■ 닭이 먹는 사료에 항생제나 동물성 사료를 넣지 않았다.
■ 닭이 병 없이 건강하게 알을 낳도록 넓고 채광과 환기가 좋은 공간에서 사육한다.

삶은 달걀

완전식품으로 알려진 달걀은 반숙일 때 가장 소화가 잘 된답니다.
노른자가 녹갈색이 될 정도로 너무 삶으면
달걀의 철분이 우리 몸에 좋지 않은 황화제철이라는 화합물을 만든대요!

✿ 재료

유정란(미리 냉장고에서 꺼내 실온에 둔다.)
소금, 식초

✿ 완성하기

1. 냄비에 달걀을 먼저 담고 물을 붓는다. 소금과 식초를 약간 넣고서 중간 불로 끓인다.

   소금과 식초는 달걀의 단백질 성분이 잘 응고되게 하고 끓이면서 금이 가더라도 응고가 잘되게 한다.

2. 물이 끓기 시작해 10분 정도 지나면 불을 끄고 찬물로 바로 헹군다. 껍질을 쉽게 까려면 바로 찬물에 담그는 것이 요령.

   달걀을 반으로 가를 때 실이나 치실을 식기 건조대 등에 묶어서 자르면 매끈하게 잘린다.

삶은 달걀
삶는 달걀 수에 따라 시간이 조금 더 걸릴 수도 있어요. 타이머가 정말 요긴하게 쓰인답니다!

달걀 토스트

냉장고에서 묵은 **딱딱해진 식빵**, 제철 과일과 두유 한 잔을 곁들였더니
뜻밖의 훌륭한 아침식사가 만들어지네요!

♧ 재료 2인분

통밀식빵 4장, 유정란 2개, 두유 50cc, 볶은소금
약간, 현미유 적당, 곁들일 과일
꿀 시럽 만들기: 꿀 2큰술, 산야초 효소 2작은술,
배(사과) 농축액 2작은술 (재료를
모두 합해 잘 젓는다. 두고 먹을 만
큼 한꺼번에 만들어 둔다.)

♧ 완성하기

1. 유정란 2개를 깨 넣고 유정란에 든 알
   끈을 건져낸 뒤 두유와 소금을 넣고
   거품기로 젓는다.

   체에 한번 걸러주면 더 좋다!

2. 센 불에서 프라이팬이 달아오르면 중
   약 불로 줄인 뒤 현미유를 두른다.

3. 달걀 물에 식빵을 적셔 노릇노릇하
   게 굽는다. 기호에 따라 꿀 시럽을 얹
   는다.

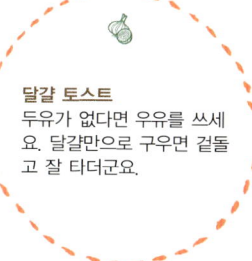

달걀 토스트
두유가 없다면 우유를 쓰세
요. 달걀만으로 구우면 겉돌
고 잘 타더군요.

뚝배기 달걀찜

달걀 한 가지에 은근한 열을 내는 뚝배기, 청주, 소금이나 멸치액젓만 있으면 끝!
쓰고 남은 자투리 채소가 있으면 잘게 썰어 넣어도 좋지요.

♧ 재료 2~3인분

유정란 4개(뚝배기 크기에 따라 조절)
새우육수 1컵, 청주 1큰술, 멸치액젓 1/2큰술, 실파 1대

♧ 준비하기

1. 찬물에 다시마, 새우, 표고버섯을 넣고 끓이
   지 않고 반나절 우려낸다.
2. 유정란 4개에 달걀의 비린 맛을 없애줄 청주
   1큰술을 넣고 거품기로 잘 저어 놓는다.
3. 실파는 송송 썰어 놓는다.

♧ 완성하기

1. 뚝배기에 육수 1컵을 넣고 멸치액젓으로 간을 맞춰 강한 불로 끓인다.

   새우젓으로 간을 하면 새우가 가라앉아서 간이 고르지 않고 색이 살지 않으므로 새우육수를 쓰고 멸치액젓으로 간을 본다.

2. 국물이 끓어오르기 시작하면 중약 불로 낮추고 풀어둔 달걀 물을 내려 부으면서 나무 주걱으로 1
   분 정도 젓는다.

3. 달걀이 뭉치는 기운이 생길 때 불을 더 약하게 줄이고 1분 정도 뚜껑을 닫아둔다.

4. 상에 내기 직전에 실파를 뿌려 장식한다.

달걀 토마토

중국이나 일본 밥상에도 자주 오르는 달걀토마토 요리!
익혀먹으면 더 좋다는 토마토가 한창인 여름
브런치 메뉴로도 좋아요.

달걀토마토
이 요리 하나로 식탁이 환해
져요!
조리과정 대비 효과만점!

✿ 재료 2인분

유정란 4개, 청주 1큰술, 양송이버섯 40g, 양파 1/2개, 소금, 후추 약간씩, 현미유 적당량, 방울토마토 20개, 올리브유 적당량, 당귀잎 1잎

✿ 준비하기

1. 유정란에 청주와 소금을 넣어서 잘 풀어둔다.
2. 양파는 잘게 다지고 양송이버섯은 모양을 살려서 납작하게 썰어 놓는다.
3. 방울토마토는 반으로 갈라놓는다.
4. 당귀 잎이 있으면 잘게 다져 놓는다.

✿ 완성하기

1. 팬을 중간 불에 잘 달구고 현미유, 양파, 양송이버섯을 넣어 볶는다.
2. 약한 불로 조절하고 현미유를 조금 더 두른 다음 달걀 물을 붓고 휘저으며 익힌다. 팬이 너무 뜨겁지 않아야 달걀이 부드럽게 익는다.
3. 익은 달걀을 접시에 옮기고, 같은 팬에 올리브유를 두르고 방울토마토를 굴리면서 볶아 달걀 옆으로 담는다.
4. 다진 당귀 잎을 뿌려 장식한다.

우리도 모르게 GMO를 섭취하고 있다면?
유전자 조작 식품(GMO) 표시제

식용유, 간장, 올리고당, 과당, 포도당 등 우리가 매일 섭취하는 식재료에는 GMO(유전자 조작 작물) 원료를 사용하는 제품들이 생각보다 매우 많다. 우리나라와 중국이 원산지인 콩은 전 세계적으로 가장 많이 재배되는 GMO다. 간장, 된장, 두부 등 콩 가공식품으로 많이 소비하는 우리나라는 콩 자급률이 낮아서 대부분 수입에 의존한다. 2010년 기준 우리나라의 전체 콩 수입량은 92만톤. 그 대부분은 GMO 콩이었다.

유전자조작 식품을 경고하는 책《유전자 조작 밥상을 치워라》를 쓴 김은진 원광대 교수는 수입되는 유전자 조작 콩이 우리 콩 유전자에도 영향을 미칠 수 있다고 경고한다. 또 생태계 변화는 물론, 사료용과 식용으로 가축과 인간이 먹는 것이 안전할지에 대해서도 우려한다. GMO 표시제는 바로 이러한 안전성 논란에서 비롯되었다고 할 수 있다.

식품업, 축산업 등 GMO 사용이 날로 늘어만 가는 실정에서 특히 소비자가 알아야 할 부분이 바로 'GMO 표시제'다. 우리나라에서는 농산물, 수산물, 가공식품들에 GMO 표시를 해야 한다. 농산물의 경우엔 식약청이 수입을 승인한 모든 GMO 품목에 표시제가 적용된다. 콩, 옥수수, 감자, 면화, 카놀라, 사탕무, 알팔파 등이 그것인데, 여기에 GMO 콩으로 기른 콩나물도 표시제에 포함된다.

반면 가공식품은 콩과 옥수수를 주원료로 하는 식품에 한해서만 표시하게끔 한다. 다시 말하면 주원료가 아니면 GMO 표시 대상이 아니다. 즉 된장, 고추장, 두부 같은 식품들은 반드시 표시해야 하지만, 식용유나 간장, 과당, 올리고당, 포도당 같은 가공식품들은 GMO 원료를 사용해도 표시할 의무가 없게 된다. 정제나 가공 과정을 거친 뒤에 단백질이나 DNA가 측정되지 않으면 표시 의무를 면제받기 때문이다.

GMO는 대부분 가공용이나 사료용으로 수입되는데, 가공용의 경우 최종 생산 제품의 상위 5가지 주원료에 들어가지 않으면 애초 표시할 의무가 없다. 따라서 소비자들은 GMO원료가 어디에 얼마나 쓰였는지 알 수 없다. 선택의 권리를 빼앗긴 소비자들은 시중 가공식품을 더욱 믿지 못하게 되고, 미처 GMO와 그 표시제의 존재 자체를 모르는 소비자들은 그러한 사실을 전혀 알 수 없게 만든다. 더 놀라운 것은 휴게음식점, 일반음식점, 제과점, 위탁급식 등은 GMO를 써도 현행법에서는 이를 표시할 의무가 없단다.

자주 외식 메뉴에 오르는 육류나 횟감도 예외가 아니다. 축산업과 수산업에서 쓰는 사료의 경우 대부분 GMO이지만, 육류나 횟감에 무슨 사료를 먹였는지 표시할 의무는 없으므로 사료용 GMO도 표시제에서 자유롭다. 이렇게 우리가 알지도 못한 사이, 아니 알고 싶어도 알 수도 없이 우리 곁에는 GMO가 매우 가깝게 포진돼 있다.

농작물도 죽일 수 있는 강독성분의 제초제에도 멀쩡하고, 심지어 스스로 살충제를 내뿜게 만드는 GMO기술은 수확량이 많고 농약 사용량을 줄인다는 이유만으로 농민들에게 '농약'으로 알려져 전 세계 대규모 플랜테이션 농가에서 가장 먼저 도입했다. 그러나 전 세계에서 수퍼 잡초와 수퍼 해충이 생기는 등 생태계 변화가 감지되었고, 농약 사용량은 더 증가했다. 또한 GMO 사료를 먹은 동물들이 돌연사하는 사고가 잇따르면서 여전한 안전성 논란에 휩싸여 있다.

강의에서 들었던, 농민에게 진짜 농 '약'은 소비자라는 말은 오래 남는다. 꼭 유기농이 아니어도 우리 땅에서 10년, 20년 우리 소비자를 위해 농사를 지어갈, 그 농민들이 계속 농사를 지을 수 있도록 소비자들이 보장한다면 그것이야말로 농민의 수입과 보람을 느끼게 하는 농 '약'이 아닐까.

유전자 조작 종자는 해마다 사서 심어야 한다. 특허 등의 지적재산권 때문이다. 그러나 이 땅에서 자라나 다음해에 뿌려지는 씨앗들은 생명력이 가득하다. 현미보다 소화가 잘되는 발아현미는 중금속 수치가 거의 없어진 상태라는 연구결과가 있단다. 싹을 틔울 수 있는 생명이 주는 에너지는 이토록 신비하다. 식량자급률도 낮은데 수입된 GMO 옥수수 등이 우리나라 전국에서 자생한다는 국립환경과학원의 조사가 최근에 알려졌다. 토종 씨앗을 보호해야 할 이들은 농민만이 아니다. GMO를 알고, GMO 식품보다 우리콩 식품을 소비하고, GMO 씨앗이 뿌리내려서 생물다양성이 사라지지 않도록 토종 종자 지키기에도 나서야겠다.

GMO에 안전한 토종 씨앗을 지키자

인터넷 카페 〈씨드림, http://cafe.daum.net/seedream〉에 가입해서 토종 종자를 수집하고, 서로 나누며 토종 종자와 전통 농업을 지킬 수 있다.

잎채소 요리
7가지

대부분의 채소들은 이제 사계절 내내 구할 수 있습니다. 석유 에너지를 때는 하우스 재배가 아니라 제철에 노지에서 다 자랄 때까지 기다렸다 사먹는 비친환경 식생활이지만, 도저히 이 흐름은 거스를 수 없나 봅니다. 자급자족하는 수밖에요.

그래서 이 책 잎채소 요리들도 몇 가지만 빼면 사계절 내내 해먹을 수 있지요. 대량 재배하지 않는 원추리나 쑥 정도만 빠지겠군요.

일년 내내 팔아도 우리 입맛은 때가 돼야 돌기 마련인 듯도 해요. 입맛도 역사거든요. 제철에 나오는 채소들로 슬로푸드를 즐겨 보세요.

잎채소 손질 팁
- 대부분 손질 된 채소를 팔고 있으므로, 사서 곧바로 요리하면 손질할 게 거의 없다. 채소는 하루 이틀만 지나도 시들고 변색돼서 손질이 필요하므로, 필요할 때 사서 곧바로 요리한다.
- 양배추의 거친 겉잎들은 버리지 말고 찬밥을 찔 때 면보 대신 깔아서 함께 쪄 먹는다.

쑥버무리

봄철 어린 쑥과 쌀가루로 찌는 간편 떡,
쑥버무리는 떡 모양을 갖춘 것도 아니고
쌀가루가 듬뿍 묻어서 털털 털어 먹는다고 쑥털털이라고도 하지요.

♧ 재료 5~6인분

쑥 350g, 쌀가루 400g, 설탕 4큰술, 소금 1/2작은술

♧ 준비하기

1. 쑥은 뿌리 쪽 단단한 부분과 시들은 잎을 없 애고 씻어서 물기를 없앤다.
2. 쌀가루에 소금, 설탕을 섞어 체에 두 번 내려 준다.
3. 물기를 거두어 놓은 쑥에 쌀가루를 절반 덜 어 버무려 입혀 놓는다. 쑥의 물기를 거둔다 해도 물기가 어느 정도 있으므로 쌀가루엔 물을 넣지 않아도 된다.

♧ 완성하기

1. 찜통에 물을 충분히 담아 끓이는 동안,
2. 찜기에 시루밑(베보자기, 또는 종이 호일 구멍 낸 것)을 깔고 버무린 쑥 한 켜, 쌀가루 한 켜, 다시 쑥 한 켜로 올린다.
3. 물이 팔팔 끓으면 찜기를 올리고 면보로 뚜 껑을 싼 뒤(떡에 수증기가 떨어지는 것을 방지한 다.) 15분 찌고 불을 끄고 5분 뜸을 들이면 된 다. 젓가락으로 찔러 보아 쌀이 묻어 나오지 않으면 다 된 것이다.

원추리나물

봄나물 원추리는 근심을 없애준다 하여 **망우초**라고도 불러요.
무쳐 놓으면 **뽀득뽀득한 식감**이 색다릅니다. 봄에 한 번은 먹고 갈 나물이지요.

✿ 재료 4인분

원추리 150g, 소금 약간
고추장 양념 : 고추장 2큰술, 고춧가루 1큰술, 매실청 1큰술, 조청 1큰술, 사과즙 2큰술, 현미식초 1큰술, 다진마늘 1작은술,
　　　　　　　다진파 1큰술, 참기름 적당량, 통깨
간장 양념 : 국간장 1작은술, 멸치액젓 1작은술, 소금 약간, 다진 마늘 1작은술, 다진 파 1큰술, 참기름 적당량, 통깨

✿ 준비하기

1. 원추리는 시든 잎만 다듬어 내고 두세 번 씻는데, 잎 사이를 들쳐가며 흔들어서 흙을 씻어낸다.

2. 끓는 소금물에 살짝 데쳐서 물기를 짠 뒤에 1~2번 칼로 썬다.

✿ 완성하기

1. 나물을 무칠 그릇에 참기름과 통깨를 제외한 분량의 양념을 넣어 섞는데,

2. 식성에 따라 고추장 양념이나 간장 양념을 넣어 조물조물 무친다. 소금을 한꺼번에 다 넣지 말고 입맛에 따라 조금씩 넣어서 간을 본다. 마지막에 참기름과 통깨를 넣어서 마무리한다.

취나물 무침

쌉싸래한 향이 일품인 취나물은 어린 순은 데쳐서 그냥 무쳐 먹고,
좀 자란 취는 데쳐서 들기름에 볶아야 부드럽지요.
데쳐서 쌈으로 먹어도 좋답니다.

♣ 재료 4인분

취나물 300g, 다진 마늘 1작은술, 다진 파 2작은술, 국간장 1작은술, 소금 약간,
참기름(들기름) 1큰술, 통깨 약간

♣ 준비하기

1. 취나물의 센 줄기는 없애고, 데치는 시간이
   다르므로 줄기와 잎을 나눈다.
2. 물이 팔팔 끓을 때 소금을 약간 넣고 줄기를
   먼저 넣어 3~4분 데쳐 내고, 잎은 2~3분 데
   쳐 찬물에 헹구어 물기를 거두어 놓는다.

♣ 완성하기

데친 취나물과 마늘, 다진 파, 국간장을 넣고
조물조물 무친 다음 간을 소금으로 조정하고,
들기름이나 참기름, 통깨를 넣어 마무리한다.

취나물무침
나물 요리는 조리법이 대개
비슷하고 재료에 따라 맛이
나 영양가는 확 달라져요.

풋마늘대 오징어 무침

이른 봄에 장아찌를 담아먹는 **풋마늘대**는
아삭하고 마늘 특유의 **매콤함**이 원기를 더해줍니다.
데쳐서 초고추장 양념에 오징어와 무쳐도
아작아작한 식감에 반하게 되는 **반찬**이지요.

✤ 재료 4인분

풋마늘대 300g, 오징어 1/2마리, 양파(소) 1개, 오이 1/2개, 소금 약간

무침 양념 : 고추장 2큰술, 고춧가루 1큰술, 생강청 2작은술, 매실청 1큰술, 현미식초 2큰술, 조청 1큰술, 참기름 약간, 통깨 약간

✤ 준비하기

1. 풋마늘대의 시든 잎을 떼어내고 깨끗이 씻어 끓는 소금물에 데쳐서 찬물에 헹구고, 7~8cm로 잘라 놓는다.

2. 손질한 오징어를 소금물에 데치고 6~7cm 길이로 얇게 썰어 놓는다.

3. 오이는 길게 반으로 갈라서 어슷하게 썰어 20분 동안 소금에 절인 뒤 물기를 제거하고, 양파도 채쳐 놓는다.

✤ 완성하기

1. 참기름, 통깨를 제외한 양념을 한 데 잘 섞어서 준비한 풋마늘대, 오징어, 오이, 양파를 넣고 새콤달콤하게 무친다.

2. 참기름과 통깨를 넣고 한 번 더 무쳐서 마무리한다.

풋마늘대 오징어무침
초봄을 기다리게 하는 요리.
마늘은 버릴 게 없는 먹거리네요.

그린샐러드와 간장 생강 드레싱

오일 드레싱 보다 간장 생강 드레싱이
더 담백하고, 칼로리도 적어서 참 좋아요!

그린샐러드와 간장드레싱
몸에 좋다는 산야초효소를
효과적으로 먹는 법이에요.
레몬식초는 식초에 레몬을
잘라넣은 것을 말해요.

✤ 재료

양상추 100g, 치커리 50g, 양파(소) 1개, 오이 1/4개, 노란 파프리카 1/2개, 래디시 2개

드레싱 재료 : 진간장 3큰술, 생강청 2작은술, 산야초 효소 1작은술, 포도식초 1큰술, 레몬식초 2큰술, 꿀 1작은술, 후추 약간, 생수 1/2컵

✤ 준비하기

1. 분량의 재료로 드레싱을 미리 만들어 놓는다.

   간장을 기본으로 하는 드레싱은 하루 이틀 전에 만들어서 숙성시키는 게 좋다. 시간이 지날수록 생강청, 산야초, 레몬식초와 같은 발효액들이 간장과 어우러지면서 깊고 부드러운 맛을 내기 때문이다. 기름기가 없는 담백한 드레싱이므로 일주일간은 보관하면서 채소가 풍성한 여름철 샐러드 드레싱으로 이용할 수 있다.

2. 양상추는 겉껍질이 변색된 부분만 없애고 손으로 뜯도록 한다. 칼을 쓰면 절단면이 더 빨리 산화되어 붉게 변한다. 치커리도 손으로 뜯어서 2등분한다.

3. 양파는 링 모양으로 썰고, 오이와 래디시, 파프리카도 동그랗게 썰어 둔다.

4. 래디시는 별도의 그릇에 물을 담아서 넣고, 나머지 채소를 얼음물에 넣어 30분간 뒀다가 물기를 빼둔다.

   얼음물에 샐러드를 넣어 차갑게 하는 것은 재료들의 신선하고 아삭한 맛을 살려 주기는 하지만 너무 오래 물에 넣어 두지 않도록 주의한다.

✤ 완성하기

1. 깨끗한 면보에 채소를 싸서 살살 눌러서 물기를 없앤다.

2. 부피가 커지게끔 샐러드 그릇에 먼저 채소를 담고, 그 위로 파프리카와 래디시를 골고루 놓아 색을 살린다.

3. 소스에는 레몬을 잘라 띄워 레몬향을 더한다.

호박잎 쌈과
호박잎 된장국

호박잎은 식이섬유뿐만 아니라 비타민도 풍부하답니다.
어리고 연한 잎은 쌈으로, 줄기와 큰 잎은 된장국으로 먹는 호박잎 요리,
여름을 먹는 듯 싱그럽지요.

✚ 재료 (호박잎 쌈)

호박잎 쌈 : 호박잎 한단, 쌈장 적당량
쌈장 : 된장 2큰술, 고추장 2작은술, 다진 마늘 2작은술, 생강청 1큰술, 조청 1큰술

✚ 완성하기

1. 호박잎을 잎 부분이 끝나는 부분에서 똑 끊
   어 줄기 쪽으로 꺾어 내려 줄기의 센 부분을
   없애고 어린 잎만 골라서, 끓는 소금물에 넣
   고 2분 이내로 새파랗게 데쳐 낸다.

   양배추도 쪄서 곁들여 놓으면 좋다. 호박잎 쌈은 데치는 것이
   편리하지만, 양배추도 곁들일 경우엔 호박잎과 함께 '쪄서' 쓰
   는 것이 편리하다. 물이 끓고 5분간 호박잎을 먼저 쪄내고 양배
   추는 조금 더 찐다.

2. 쌈장을 곁들여 낸다.

♧ 재료 4인분 (호박잎 된장국)

호박잎 한단, 둥근호박 1/2개, 멸치육수(쌀뜨물) 6컵, 된장 2큰술, 다진 마늘 1작은술,
대파 1대, 청양고추 2~3개

♧ 준비하기

1. 호박잎을 잎부분이 끝나는 부분에서 똑 끊어 줄기 쪽으로 꺾어내려 줄기의 센 부분을 없애
   고 4~5cm로 자른다. 양푼에 줄기와 잎을 넣고 손바닥으로 바락바락 주물러 씻고 푸른 물을
   헹궈내 풋내를 없애서 물기를 거두어 놓는다.

2. 둥근 호박도 먹기 좋은 크기로 썰고, 대파와 청양고추도 어슷썬다.

♧ 완성하기

1. 냄비에 쌀뜨물, 멸치 6~7마리, 된장을 풀어 넣고 강한 불에서 끓이다가 중간 불로 낮추고
   멸치는 건져 낸다. 된장은 가정마다 염도가 다른데, 약간 간간하게 넣는다.

2. 끓어오르며 생기는 거품을 걷어내고, 준비한 호박잎과 호박을 넣고 다시 끓으면 중약불로
   불을 조금 더 낮추고 호박이 뭉근하게 익을 때까지 끓인다.

3. 청양고추와 대파를 넣고 소금으로 간을 조절하여 한소끔 더 끓여 낸다.

호박잎 된장국
된장찌개나 된장국이 끓을
때 생기는 거품을 걷어내면
된장의 잡냄새를 줄일 수
있어요!

양배추 도라지 무침

햇빛을 풍성하게 먹고 자란 연한 양배추와
면역력을 길러주는 도라지를 무쳐서 바로 먹는 신선 밑반찬이에요.

양배추 도라지 무침
생협에 가보니 도라지를 까
서 팔더라고요. 그래서 더욱
간편하게 만들었어요!

채소가 좋아지는 에코 레시피

도라지 100g, 양배추(중) 1/4통, 매실청과 매실장아찌 4큰술, 오이 1개, 생강청 1큰술, 소금 1큰술,
식초 1/2컵(100cc), 설탕 1큰술

✤ 준비하기

1. 도라지는 문질러 씻어 과도로 껍질을 돌려 깎고, 길이로 쪼개 6~7cm로 자른다. 굵은소금으로 바락 바락 주물러 헹구고 식초 한두 방울을 탄 찬물에 반나절 이상 담가 아린 맛을 없애서 물기를 뺀다.

2. 매실장아찌는 굵은 채썰듯이 썰어 놓는다.

3. 양배추는 사방 3cm 크기로 잘라 둔다.

4. 오이는 길이로 4등분하여 도톰하게 썰어 둔다.

✤ 완성하기

1. 도라지와 양배추, 매실장아찌를 그릇에 넣고 마늘, 생강청, 소금, 설탕, 식초를 넣고 버무려 2~3시간 간이 배도록 나둔다.

2. 먹기 전에 썰어둔 오이를 넣고 버무려서 간이 배도록 20분간 더 두었다가 냉장보관하며 먹는다.

열매 · 뿌리 채소 요리
10가지

채소 요리는 풀내와 흙내를 즐기는 음식이지요. 특히 뿌리와
열매 채소들은 인간의 씹는 욕구를 자연스럽게 해결해주기
도 하고요. 어릴 적부터 고기와 생선만 먹고 자라는 아이들은
어른이 되어도 그 맛을 즐기기 쉽진 않을 거예요.
내가 먹어야 아이들도 먹는다는 것, 싱글들은 기억하세요.
예비 엄마, 아빠들이 기억할 일입니다.

열매 · 뿌리 채소 장보기 팁

1. 완숙일수록 맛있다!
유통과 보관 문제로 새파란 토마토를 구입하기도 하지만, 이런 토마토에선 베타카로틴과 라이
코펜 색소가 충분히 생성되지 못했으므로 완숙 토마토를 고른다.

2. 껍질과 뿌리가 보약이다!
무, 양파, 파를 다듬으면서 나오는 껍질과 뿌리 부분을 깨끗이 씻어서 채소국물을 우려내 식혀
냉동보관하여 국수말이 등 여러 요리에 쓴다.

3. 귀찮아도 안전하게!
우엉과 연근은 되도록 껍질째로 사는 게 좋다. 껍질을 쉽게 까기 위해 약품을 쓰는 경우도 있기
때문이다. 뿌리채소는 특히 제초제와 화학비료, 농약이 잔류하기 쉽다. 친환경으로 마련하자.

꽈리고추 된장 무침

꽈리고추를 찌거나 볶을 필요없이
생각보다 간단하게 준비할 수 있어요.

♧ **재료 4인분**

꽈리 고추 100g
무침 양념 : 된장 1큰술, 다진 마늘 1작은술, 생강청 1/2작은술, 조청 2작은술, 볶은들깨가루 1작은술, 들기름 약간

♧ **완성하기**

1. 꽈리고추는 꼭지를 따서 잘 씻고 물기를 없앤다.

2. 들깨가루와 들기름을 제외한 무침 양념을 잘 섞어서 꽈리고추와 버무린 다음 마지막에 들깨가루와 들기름으로 풍미를 더한다.

꽈리고추 된장무침
양념된 된장이 남으면 버리지 말고 쌈장으로 드세요.

씀바귀 매실 무침

씀바귀는 항암, 성인병 예방 등 좋은 약리작용이 있지만 강한 쓴맛 때문에
요즘 도시 사람들에겐 선뜻 선택받지 못하는 뿌리채소입니다.
매실장아찌와 고추장으로 버무려서 새콤달콤한 맛을 낸 씀바귀 무침은 입맛이 살아나게 합니다.

✢ 재료 4인분 2회분

씀바귀 300g, 매실장아찌 60g, 매실청 약간, 다
진 마늘 1작은술, 맛고추장 1큰술, 참기름 약간,
통깨 약간

✢ 준비하기

1. 씀바귀는 굵은소금으로 바락 바락 문
   내서 흙과 지저분한 깃들을 없애고 끓
   는 물에 얼른 데쳐 헹궈서 찬물에 1시
   간 정도 넣어두고 쓴맛을 뺀다.
2. 매실장아찌를 채썰어둔다.

✢ 완성하기

씀바귀를 꼭 짜서 한두 번 칼로 자르고
매실장아찌, 매실청, 맛고추장, 다진 마
늘을 넣고 버무리다가 참기름, 통깨를
넣고 마무리한다.

씀바귀 매실 무침
맛고추장 만들기 18쪽을
참고하세요!
맛고추장을 미리 만들어두
면 이런 무침을 할 때 편리
해요!

가지 볶음

진보라색 가지 요리는 눈이 즐겁고 밥상이 풍요로워 보입니다.
게다가 갓 볶아서 먹으면 요리도 쉽고 입도 즐거워져요.

가지볶음
가지 끝엔 가시가 있어요.
먼저 칼로 잘라내고 다듬으
세요. 꼭이요.^^

✤ 재료 4인분

가지 2개, 양파(중) 1개, 청양고추 2개, 다진마늘 1작은술, 진간장 2큰술, 설탕 1작은술, 후추 약간,
참기름 약간, 현미유 적당량, 소금 약간

✤ 준비하기

1. 가지는 반을 갈라 어슷하고 도톰하게 썰어 약한 소금물에 30분 정도 담가 아린 맛을 없애
   체에 받쳐서 물기를 뺀다.

2. 양파는 너무 가늘지 않게 채썰고, 청양고추도 어슷썰기한다.

✤ 완성하기

1. 프라이팬을 센 불로 데운 뒤 중간 불로 낮춰서 현미유를 넉넉히 두르고 마늘을 먼저 볶아
   서 기름에 마늘향이 배도록 한다.

2. 가지를 넣고 볶다가 진간장, 설탕, 후추로 간하고 가지의 보라색이 진해지면서 껍질이 익
   으면 양파, 청양고추를 마저 넣고 아삭하게 볶는다. 햇양파는 단맛이 강하고 매운 맛이 약
   해서 생으로도 먹으므로 너무 투명할 정도로
   볶지 말고, 가지도 양파와 함께 재빨리 볶는
   것이 좋다.

3. 불에서 내려 참기름으로 마무리하고 넓은 접
   시에서 열기를 없앤 뒤 담는다.

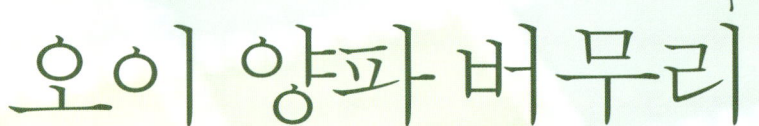

오이 양파 버무리

김치가 갑자기 떨어진 날, 여름에 흔하게 나오는 오이,
양파를 넣어서 간단히 버무려 먹는 즉석 오이 무침입니다.

♧ 재료

오이 2개, 양파(중) 1개, 쪽파 2~3대, 청양고추 3개, 굵은소금 1큰술, 고춧가루 1큰술

버무림 양념 : 고춧가루 1큰술, 생강청과 생강절임 1큰술, 매실청 1큰술, 다진 마늘 2작은술, 새우젓 2작은술, 멸치액젓 2작은
술, 조청 1큰술, 통깨 약간

♧ 완성하기

1. 오이는 가로 4등분, 길이로는 5, 6 등분하여 한입 크기로 잘라 굵은소금에 1시간 가량 절여 놓았다
가 체에 받친다.

2. 물기가 완전히 빠진 오이를 넓고 우묵한 그릇에 담고 고춧가루 1큰 술을 넣어 발갛게 고춧물을
들여 놓는다.

3. 양파는 채썰고, 쪽파 뿌리쪽의 굵은 부위를 갈라서 4cm 크기로 자르고, 청양고추는 어슷 썰어 놓
는다.

4. 버무림 양념 재료를 한 데 넣어 잘 섞은 뒤 고춧물을 들인 오이, 양파, 쪽파, 청양고추를 넣어서 섞
은 뒤 통깨로 마무리한다.

오이나물

아작 아작한 맛이 일품인 오이나물은 요령만 익히면 쉽게 빨리 할 수 있습니다.
오이가 흔한 계절에 해볼 만한 오이 요리 중의 한 가지랍니다.

♧ 재료 4인분

오이 2개, 볶은소금 1작은술, 다진 마늘 1/2작은술, 다진 파 1작은술, 통깨 약간, 현미유 적당량

♧ 준비하기

1. 오이는 잘 씻어 동그랗고 얇게 썰어 소금을 뿌려 30분 이상 절인다.

2. 잘 절여진 오이를 손 안에 넣고서(면 주머니가 있으면 넣어서) 꼭 짠다.

♧ 완성하기

1. 프라이팬을 중간 불에 데워 현미유를 두르고 준비한 오이, 마늘, 파를 넣고 달달 볶는다.

2. 아작아작하게 볶아지면 불에서 내려 넓은 접시에 펼쳐 뜨거운 열기를 날려 보낸 뒤 통깨로 장식한다. 뜨거운 상태로 밀폐 용기에 담아 보관하면 오이 색이 누렇게 변하므로 주의!

오이나물
호박, 가지, 오이 볶음 요리는 뜨거운 열기를 빼서 그릇에 담아야 제색이 변하지 않고 모양이 나요!

연근피클

연근은 열을 내려주고 진정작용이 있어 염증을 가라앉히고 지혈 작용도
탁월한 뿌리채소 중의 하나입니다.
연근 피클은 연근에서 전분이 흘러나오므로 오래 두고 먹을 순 없지만
열흘 정도는 너끈히 두고 먹을 수 있어요.
냉장고에 보관해서 이틀이 지나면 고운 핑크색 연근으로 변신합니다.

♣ 재료

연근 500g, 굵은소금 약간, 비트 30g
절임 물 : 생수 2.5컵, 현미식초 0.5컵, 소금 1큰술, 설탕 2큰술, 피클링 스파이스 약간

♣ 준비하기

1. 월계수, 정향, 통후추, 코리엔더 등 말린 서양 향신료 제품인 피클링 스파이스를 미리 식초에 넣어 4시간 정도 향을 우려낸 뒤 건져 놓는다.

2. 연근은 깨끗이 씻어 껍질을 벗겨내 끓는 물에 소금을 넣고 1~2분 데쳐, 식초를 약간 넣은 찬물에서 열기를 빼놓았다가 건져낸다.

3. 비트는 깨끗이 손질해서 조각을 낸다.

♣ 완성하기

1. 피클을 보관할 용기에 연근과 비트, 향을 우린 식초와 생수, 소금, 설탕을 혼합하여 붓는다. 연근이 잠길 정도여야 하고, 연근이 떠오르지 않게 접시나 젓가락으로 눌러 뚜껑을 닫고 냉장 보관한다.

2. 이틀 정도가 지나면 비트 물이 연근 속까지 드는데, 원하는 색이 어느 정도 되었다 싶으면 비트는 빼내서 먼저 먹도록 한다. 연근도 얇게 썰어서 먹는다.

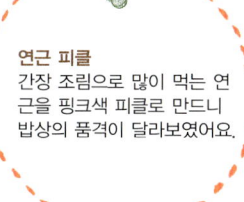

연근 피클
간장 조림으로 많이 먹는 연근을 핑크색 피클로 만드니 밥상의 품격이 달라보였어요.

우엉조림

우엉은 섬유소가 풍부한 뿌리 채소로 체내의 해독작용을 도와줍니다.
볶음밥, 김밥, 유부초밥 등에 응용할 수도 있는 유용한 반찬입니다.
토막 모양으로도 졸일 수 있지만
다른 요리에도 쓰려면 채로 써는 게 좋아요.

♣ 재료 4인분 2회분

우엉 200g, 생강절임 1큰술, 다시마물 1/2컵, 청주 1큰술, 현미유 1작은술, 진간장 3큰술,
조청 3큰술, 식초 약간, 참기름 약간

♣ 준비하기

1. 다시마 한 조각을 깨끗이 닦아서 찬물에 담
   가 다시마물을 낸다.

2. 우엉은 칼등으로 껍질을 벗겨 씻은 다음 채
   쳐서 식초에 담근다.

   우엉 껍질에 신장 기능을 도와주는 이눌린이 많이 있으므로 껍
   질을 완전히 벗기지 않도록 한다.

3. 생강절임도 채쳐 놓는다.

♣ 완성하기

1. 우묵한 팬에 물을 조금 받아 끓이다가 우엉을 넣어 2-3분 데친 후 물을 따라내고 현미유를
   두르고 잠깐 우엉을 볶는다.

2. 냄비에 다시마물, 진간장, 조청 1큰술을 넣고 보글보글 끓이다가 채썬 생강절임, 우엉, 청
   주를 넣고 조림장이 자작하게 졸아들 때까지 조린다.

3. 조림장이 졸아들고 우엉 색이 간장색으로 물이 들면 조청 2큰술을 마저 넣어서 윤기를 내
   고 참기름과 통깨로 마무리한다.

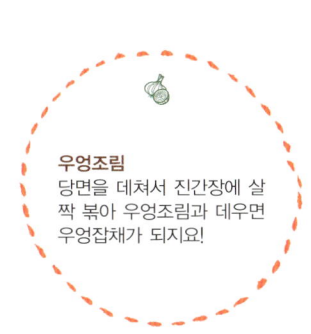

우엉조림
당면을 데쳐서 진간장에 살
짝 볶아 우엉조림과 데우면
우엉잡채가 되지요!

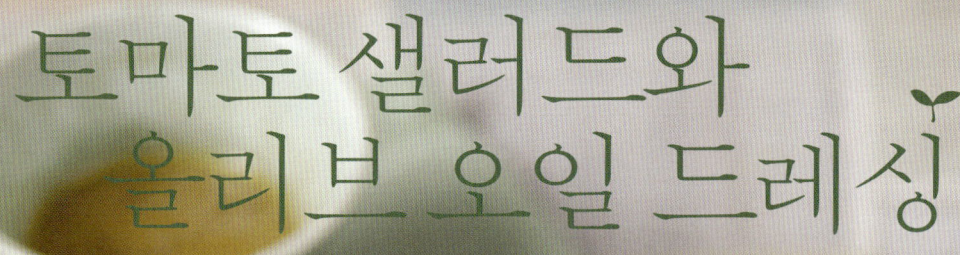

토마토 샐러드와
올리브 오일 드레싱

신의 선물 이라고 불리는 건강 채소, 토마토는 여름에 제맛이지요.
완전히 빨갛게 익혀서 출하하는 완숙토마토를 사세요.

완숙 토마토 4개, 치커리 7~8잎, 어린 잎채소 약간, 비타민 7~8잎, 바질, 당귀잎 약간
올리브오일 드레싱 : 올리브유 7큰술, 사과식초 3큰술, 레몬식초 또는 레몬즙 1큰술, 소금 1/2작은술, 후추가루 약
간, 꿀 1큰술, 마늘 2개, 양파(소) 1/4개

♧ 준비하기

1. **올리브 오일 드레싱 만들기 :** 마늘과 양파를 적당히 썰어서 나머지 재료와 블렌더에 넣어 섞는
   다. 기호에 따라 기름과 식초의 양을 조절한다. 올리브유는 냉장 시 굳어지므로 실온에서
   보관한다.

♧ 완성하기

1. 향을 내는 파슬리 대신 우리나라에서 늦은 봄부터 가을까지 나는 당귀 잎을 구해서 잘게
   썰어 향을 내도 좋다.

2. 푸른 잎과 토마토를 보기 좋게 담고 그 위로 다진 당귀 잎을 장식하여 올리브오일 드레싱
   을 뿌린다.

호박 고추전

비 오는 날, 냉장고에서 굴러다니던 **호박**이나 **양파**로 전을 부쳐서 상에 올려보세요.
친환경 감자와 우리밀가루로 만든 '감자부침가루' 로 부치면
감자의 쫄깃함과 구수함이 느껴집니다.

✤ 재료 4인분

애호박 1/2개, 양파(중) 1/2개, 청양고추 1~2개, 감자부침
가루 250g, 현미유 적당량

✤ 준비하기

1. 애호박, 양파, 청양고추를 채썰어 놓는다.

   > 둥근 채소 채 써는 요령: 호박, 무의 한 쪽 면을 평평하게 먼저
   > 썰어내어 안정감을 준 뒤에 썰면 편리하다.

2. 부침가루에 물 2컵을 넣어 반죽을 만들고 채
   썰어 놓은 채소들을 섞는다.

✤ 완성하기

1. 먼저 조금만 부쳐서 맛을 보고 반죽의 간과
   농도를 조절한 뒤에 본격적으로 부치면 좋다.

2. 현미유를 넉넉히 두르고 전을 부쳐내는데,
   너무 두껍게 되지 않도록 반죽을 퍼놓고, 자
   주 뒤집지 말고 한 면이 잘 지져질 때까지 기
   다린 뒤에 뒤집는다.

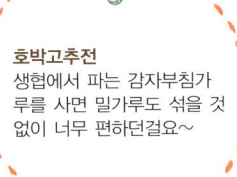

호박고추전
생협에서 파는 감자부침가
루를 사면 밀가루도 섞을 것
없이 너무 편하던걸요~

호박나물

여름에 한창인 호박은 새우젓의 간간함, 애호박의 살강한 식감
그리고 마늘과 참기름의 향이 어우러지게 볶는 것이 포인트입니다.

✤ 재료 4인분

애호박 1개, 굵은소금 1작은술, 다진 마늘 2작은술, 홍고추 1/2
개, 새우젓 1작은술, 새우젓 국물 약간, 참기름 약간, 다시마국
물 2큰술

✤ 준비하기

1. 애호박은 반을 갈라 반달모양으로 두께 0.5mm
   정도로 썰어 굵은소금을 쳐서 30분 가량 절여 둔
   다. 절인 물은 버리지 말고, 체에 호박을 건져 놓
   는다.

2. 홍고추는 갈라서 씨를 제거하고 작은 네모 모양
   으로 잘라 놓는다.
   밋밋한 호박 볶음에는 홍고추로 색을 낸다.

✤ 완성하기

1. 팬을 중간 불에 올리고 호박 절인 물과 다시마국
   물 2큰술 넣고 다진 마늘을 먼저 볶아 향을 낸다.
   너무 강한 불에 올려 마늘이 타지 않도록 주의한
   다.

2. 호박, 새우젓과 새우젓 국물을 넣고 불을 조금 올
   려 중강 불에서 재빨리 팬을 움직이며 볶다가 홍
   고추로 색을, 참기름으로 향을 내어 완성한다.

   불을 끈 후에도 남은 열로 호박이 익으므로 육안으로 봐서 호박이 투
   명해질 정도로 볶지 않는다. 완성된 볶음은 넓은 접시에 펼쳐서 열기
   를 빨리 빼주어야 색이 변하지 않는다.

방사선,
식품첨가물 상식

"우리 식구들, 이제 빵 끊었어."

나보다 먼저 빵의 세계로 빠졌고 빵으로 산 30년 역사를 자랑하는 남동생이 이렇게 먼저 빵을 배신할 줄이야! 매일 완판 되는 빵, 바로 구워내니 몸에 더 좋을 줄로만 알았던 그 환상적인 식빵을 식탁 위에 남겨두고 여름휴가를 다녀온 뒤부터라고 했다.

장난꾸러기 두 꼬마들을 챙겨서 나가는 통에 사놓은 식빵을 미처 치우거나 들고 갈 경황이 없었단다. 그런데 일주일 만에 돌아와 식빵을 본 동생은 화들짝 놀랐다. 상하지도 않고 너무 싱싱한 식빵을 마주한 것이었다. 동생은 그렇게 길고도 질긴 빵과의 인연을 단숨에 끊게 되었다.

나도 비슷한 일을 겪었다. 입덧으로 고생하는 딸을 위해 친정 엄마는 예쁜 색깔의 수입산 키위를 사오셨다. 건망증이 문제였다. 까만 비닐채로 냉장고에 두고 잊어버리고 있다가 한 달 뒤에 발견했다. 당연히 썩었겠지. 마음의 준비를 하고선 열어봤지만 웬걸, 너무 싱싱한 것이다. 소름이 끼쳤다. 너무도 멀쩡한 식빵을 마주한 동생의 경험이 떠올랐다.

유독 상하지 않는 식품들은 보톡스라도 맞춘 걸까? 이런 식품들은 사람들에게 과연 어떤 영향도 없을까? 내 입에 들어오는 모든 것들의 '맛' 만 따질 게 아니라 '어떻게' 만든 것' 이 나에 대해 처음으로 골똘히 생각하게 한 사건이었다.

식품첨가물

요즘은 초등학생 아이들도 공부한다는 식품첨가물은 대부분 화학첨가물이어서 문제다. 우리나라에서 가장 소비가 많은 식품첨가물 100위 안에 천연첨가물은 24종에 불과하고 나머지는 모두 화학첨가물이거나 혼합첨가물이다. 천연첨가물도 안심할 수 없다. 추출과정에서 화학작용을 통해 추출하기 때문이다.

화학첨가물을 자연에서는 구할 수 없다. 자연 물질 가운데 기업이 원하는 특성을 가진 물질을 화학식으로 전환해 실험실에서 만들어 낸 것이다. 식품첨가물의 하루 섭취 기준량도 믿을 수 없다. 왜냐면 소비자는 하루에 여러 가공식품을 먹을 경우 70~80가지의 화학첨가물을 섭취할 수도 있으므로 기준량 이상을 먹는 셈이기 때문이다. 흔히 먹는 빵에 들어가는 첨가물은 무려 40종에 달한다. 이렇게 여러 가지 음식으로 식품첨가물을 섭취하면 실제 과도한 양의 화학첨가물을 섭취할 뿐만 아니라 혼합해서 섭취할 경우 첨가물 끼리 일으키는 반응도 무시할 수 없다. 이러한 식품첨가물 섭취는 알레르기, 만성 천식, 당뇨, 비만, 편두통, 암 등을 일으키고 아이들은 아토피 등 각종 알레르기와 산만해지는 증세(ADHD)를 보일 수 있다고 한다. 우리나라에서 많이 소비하는 것으로 알려진 식품첨가물은 표와 같다.

사용목적	명칭	기능	대표적 첨가물	함유식품	과잉 섭취시 부작용
맛	조미료	맛 강화	L-글루타민산, 글루타민산나트륨(MSG), 이노신산나트륨, 구아닐산나트륨 숙신산 등	거의 모든 가공식품류	뇌, 눈 장애, 성장장애, 대사장애 등
	산미료	신맛 부여	구연산, 빙초산, 말산	음료, 빙과,소스류	
	감미료	단맛 부여	아스파탐, 사카린나트륨, 소디움, D-솔비톨 등	음료, 빙과 등	소화기장애, 콩팥장애, 생식기 이상, 염색체 이상, 발암성
향	착향료	특수한 향을 부여함으로 식욕 증진	초산게라닐, 시트로넬랄 등	음료, 버터, 치즈, 크림류, 식육가공품	
색	착색료	색 강화	식용타르색소(적색2호, 적색3호, 황색4호, 황색5호 등 12종), 베타카로틴, 리보플라빈 등	대부분의 가공식품류	간, 혈액, 콩팥장애, 뇌장애, 발암성
	표백제	탈색, 변색의 원인인 유색물질의 표백	아황산나트륨 등 아황산류	과즙 및 과일가공품	기관지염, 천식, 위점막자극, 신경염, 순환기장애. 알러지
	발색제	식품의 유색물질 강화	아질산나트륨, 질산나트륨, 질산칼륨	육류가공품	간암, 빈혈, 호흡기능저하, 급성구토, 발한, 의식불명.
모양	호료	점성의 증강	카세인나트륨, 알긴산염류	아이스크림, 각종 소스류, 비스킷, 빵 등	
	유화제	물과 기름의 혼합 및 안정화	글리세린지방산에스테르, 모노글리세리드 등	아이스크림, 마가린, 드레싱류	중금속 배출을 방해.
	이형제	일정한 모양 유지	유동파라핀	빵, 비스킷	

방사선조사

식품의 방사선 조사(照射)는 식품에 전리방사선(Ionizing Radiation)을 쐬게 하는 것을 말한다. 이 과정에 이용되는 방사선은 코발트(cobalt)나 세슘(cesium)의 방사성 동위원소에서 나오는 것이거나, 고에너지 전자(high-energy electrons), 감마선(gamma rays), 또는 X-선을 조절해서 방출하는 기기로부터 나오는 것이다. 주로 발아억제, 살균, 멸균, 살충을 위해 쓰인다.

흔히들 방사선은 일반 가전제품에서도 나오기 때문에 마치 음식물에 방사선 쐬는 것 자체가 별 문제가 아니라고 말하기도 하는데 이는 사실과 다르다. 실제 전자제품 등에서 발산하는 방사선의 속도와 에너지양보다 식품의 방사선 조사 시의 속도와 에너지양이 훨씬 많다. 일반적인 수치로 나타내기는 어렵다고는 하지만 가슴엑스레이와 비교하면 가슴엑스레이를 백만 번 찍는 것과 비슷한 양의 방사선이 육류의 살균을 위한 한 번의 방사선 조사에 쓰인다고 한다.

사용목적	명칭	기능	대표적 첨가물	함유식품	과잉 섭취시 부작용
보존	보존료 (방부제)	미생물의 발육방지 및 보존성 향상	소르빈산,소르빈산칼륨, 소르빈산나트륨,안식향산	수산가공품, 소스류, 절임반찬류, 빵 등	간에 악영향, 발암성, 염색체 이상, 신경계 이상
	살균제	부패 원인균 및 병원균의 사멸	차아염소나트륨, 표백분	물, 과일, 어육제품, 식육제품, 두부 등	피부염, 고환위축, 발암성, 유전자 파괴, 알러지
	산화 방지제	기름의 산화 방지	BHA, BHT, 아스코르브산, L-토코페롤	통조림, 냉동식품, 치즈, 식용유 등	칼슘결핍유발, 염색체 이상, 발암성
품질	품질 개량제	품질저해 물질을 파괴하여 품질 향상	L-시스틴, 인산염류	식육가공품, 어육연제품, 청량음료, 된장, 아이스크림, 치즈 등	
영양 강화	영양 강화제	식품의 영양 강화	비타민C, 구연산칼슘	과자류, 과즙류, 빵 등	
기타 식품 제조에 필요한 것	팽창제	과자, 빵의 부피 증가 및 조직 강화	탄산암모늄, 탄산수소나트륨, 중탄산나트륨	빵, 비스킷, 초콜릿 등	카드뮴, 납 등 중금속 중독
	껌 기초제	껌 베이스	에스테르검		

2001년 기준 전 세계의 52개국에서 약 230여 종의 식품에 방사선 조사를 허용하고 있다. 우리나라도 1987년 처음으로 방사선 조사시설을 갖췄고, 현재 26개 품목에 대하여 방사선 조사를 허용하고 있다. 그렇다면 방사선 조사가 식품과 우리 몸에 미치는 영향은? 그에 대한 다양한 연구의 결과는 인체에 걱정스러운 변화와 영향을 끼친다고 말한다. 식품의 비타민 등 영양 성분이 파괴되고, 방사선을 쏘인 감자의 경우, 싹이 나지 않거나 햇볕을 쬐면 생기는 녹변 현상이 없어진다고 한다. 이렇게 방사선 조사로 인해 식품의 고유한 특성들이 변화되지만 소비자들은 이를 알지 못한 채 먹게 된다는 것이다.

방사선 조사 식품에 대한 미국 정부의 연구결과에서는 종양, 신장 기능 이상, 유산 같은 문제점이 지적됐고, 인도의 실험에서는 어린이들에게서 염색체 이상이 발견되기도 했다.

2005년 국내에서 방사선 조사를 한 식품은 3264톤에 달한다. 대부분 살균 목적으로 실시됐으며 거의 대부분이 가공식품용이었다고 한다. 현재 방사선 조사를 한 식품은 그 사실을 표시하게 되어 있지만 소비자들은 여전히 알 수 없다. 그 이유로는 여러 가지가 있지만 가장 중요한 이유는 원재료 가운데 방사선 조사식품의 함량이 소량이라는 이유로 표시 대상에서 제외되었기 때문이다.

국내 방사선 조사 허용 품목

감자, 양파, 마늘, 밤, 생버섯, 건조버섯, 건조 향신료, 가공식품 원료용 건조 식육과 어패류 분말, 된장 · 고추장 · 간장 분말, 조미식품 원료용 전분, 가공식품 원료용 건조 채소류, 건조 향신료와 이들 조제품, 효모, 효소식품, 알로에분말, 인삼(홍삼) 제품류, 2차 살균이 필요한 환자식, 난분, 가공식품 원료용 곡류 · 두류와 그 분말, 조류식품, 복합조미식품, 소스류, 분말차, 침출차 〈식품의약품안전청 2011〉

무 요리 5가지

한식에서 무의 쓰임새는 참으로 대단합니다. 김치로, 국으로, 조림과 국물 낼 때 꼭 있어야 할 재료가 바로 무이지요.
서리가 내리기 직전에 막 수확하는 가을 무의 그 맛이 오죽 좋으면 산삼보다 낫다고 했을까요. 물론 영양가도 그만큼 좋다는 거고요.
보통 한국 밥상에서 펼쳐지는 5가지 무의 대활약을 엄선했어요! 무는 소화도 잘되게 하므로 고기를 먹을 때 곁들이세요.

맛있는 무 고르는 법

모양이 둥글게 잘 생기고 무청(잎) 쪽으로 파르스름하게 색이 난 무가 맛있다.
바람 든 무 : 무를 자르면 속이 투명하지 않고 불투명한 하얀색으로 변한 모양. 무의 수분이 날아갔다는 의미다. 그런데 막 캐낸 무도 잘라보면 바람이 들기도 한다. 맛에는 차이가 없으니 버리지 말고 먹는다.

무 저장법

김장철 수확기의 무가 쌀 때 장만해 신문지와 랩으로 싸서 겨울엔 얼지 않도록 상자에 꼭꼭 싸두거나 냉장고 야채 칸에 보관하면 이듬해 봄까지 신선하게 먹을 수 있다.
배추도 마찬가지로 보관한다.

무생채

상큼한 맛을 내는 무생채는 소화력을 좋게 해서
고기와 어울리는 반찬이지요

♣ 재료 4인분 2회분

무(중) 1/2개, 굵은소금 1큰술, 고운 고춧가루 2큰술, 멸치액젓 1큰술, 생강청 1큰술, 매실청 1큰술,
현미식초 1큰술, 다진 마늘 1작은술, 다진 파 2작은술

♣ 완성하기

1. 무는 흠집만 도려내고 깨끗이 씻어서 껍질째로 7~8cm 길이로 토막을 내서 결 방향으로 채
   썰기 한다. 채 썬 뒤엔 굵은소금과 식초를 넣어서 20분간 절인다.

2. 절인 무채를 손에 쥐어서 가볍게 물기를 짜낸다.

3. 고춧가루 1큰술을 넣어 무채에 붉은 물을 들인다. 이때 곱게 간 고춧가루를 사용한다. 김치
   를 담글 때 쓰는 굵은 고춧가루를 쓰면 고춧가루가 겉돌게 된다.

4. 멸치액젓, 다진 마늘과 파, 생강청, 매실청, 고춧가루 1큰술을 넣고 잘 섞어서 무채와 잘 버
   무려 그릇에 담은 뒤 통깨를 얹는다.

  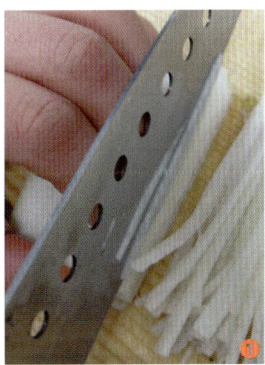 

들깨 무나물

들깨가루로 양념을 하고 국물을 자작하게 볶아서
고소하고도 시원한 맛을 즐기는 반찬입니다.

♧ 재료 4인분 2회분

무(중) 1/2개, 다진마늘 1작은술, 생강청 1작은술, 볶은 들깨가루 2큰술, 국간장 1작은술, 볶은소금 1작은술,
들기름 1큰술, 멸치육수 3큰술

♧ 완성하기

1. 무는 흠집만 없앤 뒤 껍질째 깨
   끗이 씻어서 7~8cm로 잘라, 결
   방향으로 길게 썰어 얇게 채를
   썰어 놓는다. 결을 꺾어서 채 썰
   면 볶을 때 무가 부스러진다.

2. 우묵한 팬에 들기름을 두르고 1
   을 볶다가 다진마늘, 생강청, 국
   간장을 넣고 뒤적이다 멸치육수
   를 넣고 뚜껑을 덮은 채로 중약
   불에서 2~3분 익힌다. 무가 너무
   푹 익지 않아야 좋다.

3. 뚜껑을 열어서 무가 투명하게
   익었으면 소금 간을 하고 들깨
   가루를 섞어서 그릇에 낸다.

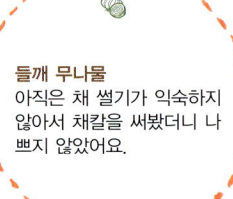

들깨 무나물
아직은 채 썰기가 익숙하지
않아서 채칼을 써봤더니 나
쁘지 않았어요.

소고기 뭇국

무를 넣고 말갛게 끓인 소고깃국은 아이들이나 어르신 입맛에 잘 맞지요.
살집이 적은 국거리용 갈빗살과 당면을 함께 끓이면 담백한 갈비탕으로 즐길 수 있고요.

✿ 재료 4인분
소고기 100g(국거리, 양지), 무(중) 1/2개, 물 1L, 다진 마늘 1작은술, 국간장 1큰술, 소금 1~2작은술, 대파 1대, 후추 약간

✿ 준비하기
국거리 소고기는 덩어리째로 물에 넣어 핏물을 빼 놓고, 무는 사방 2~3cm 정도의 크기로 납작하게 썰어 준비한다. 마늘도 다져 놓고, 파도 어슷 썬다.

✿ 완성하기
1. 냄비에 물을 팔팔 끓여 고기를 넣고 어느 정도 익힌 뒤에 건지고, 썰어 놓은 무를 넣는다.

2. 고기를 조금 식힌 뒤에 작고 납작하게 썰어서 다시 냄비에 넣어서 한동안 끓이다가 무가 말갛게 익을 때부터 거품을 걷어낸다.

3. 국간장, 다진 마늘을 넣고 간을 본다. 싱거우면 소금으로 간을 더하고 파를 넣어서 한소끔 더 끓여 후추로 향을 준다.

소고기뭇국
고기 썰 때 168쪽을 참고하세요!

무청 시래기나물

기름기 없이 구수하면서도 칼칼한 맛을 즐길 수 있는
무청 시래기 나물입니다.
무나물과 함께 대보름날 해먹어도 되겠지요.

✿ 재료 4인분 2회분

데쳐서 말린 무청 시래기 400g, 멸치가루 2큰술, 된장 2큰술, 다진 마늘 1큰술, 대파 1/2대, 청양고추 3~4개,
볶은 들깨가루 1큰술, 멸치육수 3컵

✿ 완성하기

1. 무청 시래기는 충분한 물을 부어 20분정도 삶아 찬물에 2~3회 헹구면서 질긴 겉껍질을 벗
   긴다.

   무청 시래기는 데쳐서 말린 것으로 살 수도 있고, 데쳐서 냉동한 상태로도 살 수 있다. 또 데치지 않고 바로 말린 재래식 무청 시래
   기도 시장에서 팔고 있다. 재래식 무청 시래기는 불리는 시간과 조리하는 시간을 늘려서 조리해야 한다.

2. 시래기를 6cm 길이로 잘라 마늘, 된장, 멸치가루를 넣고 주물러 밑간을 한다.

3. 냄비에 육수를 붓고 양념한 시래기를 넣고 뒤적거리다가 청양고추를 넣고서 약한 불에서
   10분 정도 자작하게 끓인다.

4. 국물이 졸아들 무렵에 볶은 들깨가루를 넣고 무친다.

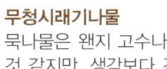

무청시래기나물
묵나물은 왠지 고수나 하는
것 같지만, 생각보다 간단하
게 만들 수 있는 든든한 밑
반찬이에요!

갈치 무조림

생선 조림엔 역시 무가 떠오르죠. 호박이나 감자를 넣어도 좋고요.
조림용 생선은 손질할 때 소금 간을 하지 않아야
간장 양념이 살아납니다

✥ 재료

갈치 1마리, 굵은 소금 약간, 무(중) 1/2개, 대파 1/2뿌리, 청양고추 1개, 붉은 고추 1/2개, 물 1컵
양념장 : 고추장 1큰술, 고춧가루 1큰술, 진간장 1큰술, 물(육수) 2큰술, 다진 마늘 2작은술, 생강청 2큰술, 생강술 2 큰술, 후춧가루 약간

✥ 준비하기

1. 갈치는 살집이 있는 두께로 사와서 비늘을 긁어 머리와 내장을 제거한 뒤 깨끗이 씻어서 10cm 길이로 잘라서 어슷하게 칼집을 낸다. 손질이 된 갈치를 샀을 때는 깨끗이 씻는다.

    갈치 가격이 싸다고 무조건 얄팍한 갈치로 조림을 하게 되면 오히려 양념이 아까워진다. 조림용 갈치는 도톰해야 좋다.

2. 무를 도톰하고 큼직하게 사방 4cm로 썰되, 굵기는 0.5cm로 하여 간이 잘 배고 금방 익게 한다.

3. 청양고추, 홍고추, 대파는 어슷썰기한다.

✥ 완성하기

1. 냄비에 무를 먼저 깔고 그 위에 갈치를 얹은 뒤 양념장을 골고루 끼얹고 냄비 가장 자리로 가만히 물을 자작하게 부어 뚜껑을 덮는다.

2. 먼저 센 불에서 끓이다가 끓기 시작하면 뚜껑을 열고 청양고추, 홍고추, 대파를 양념장 위로 놓고 중약 불로 줄인다.

3. 국물을 갈치에 끼얹어주며, 무에도 붉은 물이 배게 조려낸다.

    고등어나 삼치 같은 등푸른생선도 같은 방법으로 조린다. 무 대신 감자를 넣어도 맛난 생선 조림이 된다. 고등어조림에 마른 취나 물 같은 마른 산나물이나 잘 익은 김치와 조려도 별미다.

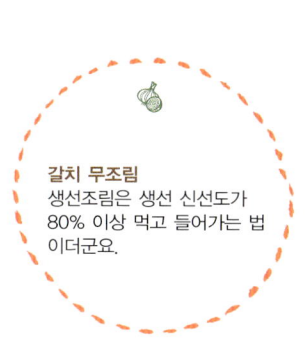

갈치 무조림
생선조림은 생선 신선도가 80% 이상 먹고 들어가는 법이더군요.

생선, 해조류 요리 6가지

미역, 북어, 멸치, 오징어 정도면 생선과 해조류의 기본인 셈이죠. 지금쯤이면 이 책이 특별한 요리가 아니라 아주 기본적인 반찬을 싣고 있다는 걸 눈치 채셨을 거예요.

생선도 구이가 아니라 국과 조림으로 다뤘어요. 구이나 튀김은 기름 써야 하고 건강엔 득보다 실이 더 많아서요. 우리 땅과 우리 몸의 수질 관리는 좀 해야잖아요! 이래서 친환경 요리는 맛이 없다고 하나 봐요. 그래도 한번 속는 셈치고 만들어 보세요. '맛있어요!'

생선 구입할 때 유의할 점
생선가게에서 생선을 손질해서 사올 때는 되도록 소금을 뿌리지 말고 사오는 것도 요령이다.
요즘은 소금 장수도 소금의 정확한 생산지를 알 수 없다고 한다. 안전한 소금인지 확인할 수 없다면 그냥 소금 없이 손질만 해서 사와 집에서 소금을 치자.

콩나물 북엇국

숙취 해소를 위해선 북엇국만 한 국도 없지요.
북어채를 구입하여도 좋지만 통째로 말린 황태를 사서,
머리와 껍질은 육수로, 살은 국으로 쓰면 좋아요!

✿ 재료 4인분

황태(중) 1마리, 콩나물 100g, 무(중) 1/4개, 북어육수 또는 쌀뜨물 4컵, 다진 마늘 1/2큰술, 대파 1대,
국간장 1/2큰술, 소금 약간, 참기름 약간

✿ 준비하기

1. 북어는 머리와 껍
   질, 그리고 가시가
   남아 있는 곳은 제
   거하고 북엇살을
   먹기 좋게 찢어 놓
   는다.

   찢은 살은 쌀뜨물로 씻어
   불리거나, 밀가루를 조금 넣
   고 씻어 건져 놓으면 금방
   부드러워진다.

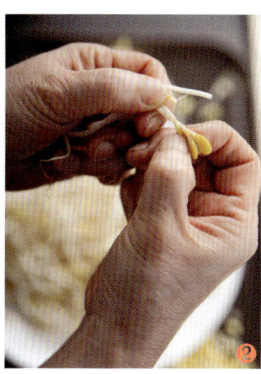

2. 머리와 껍질은 미리 물 6컵을 넣고 다시마와 함께 끓여 육수를 내어 놓거나, 갈무리해서 냉
   동보관 한다. 육수로는 쌀뜨물을 쓰기도 한다.

3. 무는 사방 2.5cm 정도로 납작하게 썰고, 콩나물은 씻으면서 콩깍지를 없애 놓는다. 파는
   어슷썰기 한다.

✿ 완성하기

1. 냄비에 북어와 무를 넣고 국간장, 참기름을 넣고 볶는다.

2. 중간 불에서 육수나 쌀뜨물을 붓고, 끓으면 콩나물을 넣어서 10분 간 더 끓인다. 무가 말갛
   게 투명해지면 다 된 것이니 파를 넣어 마무리 한다. 올라오는 거품을 걷고, 간을 봐서 소금
   으로 조정한다.

소고기 미역국

칼슘과 요오드가 풍부한 미역국은 어머니를 떠올리게 합니다.
내가 태어난 날 어머니가 드시던 미역국을 우리는 생일이면 늘 찾아먹지요.
게다가 많은 양을 끓여서 데워 먹어도 맛의 변화가 없고
오히려 두 번째 끓일 때가 더 맛나기도 하답니다.

✤ 재료 4인분

소고기(국거리, 양지머리)100g, 미역 40g, 다진 마늘 1과 1/2큰술, 참기름 약간, 물 5컵,
쌀뜨물 적당량, 국간장 2큰술, 소금 약간

소고기 미역국
소고기 대신 닭고기도 좋고,
값싼 작은 전복과 홍합을 넣
어줘도 정말 질리지 않는 미
역국이 탄생해요. 여름엔 감
자를 넣고도 끓인답니다.

✤ 준비하기

1. 핏물을 뺄 소고기를 찬물에 담근다.

   소고기 한 근은 500g이므로 남은 소고기는 100g씩 포장해서 냉동고에 보관한다.

2. 미역도 40g 정도 꺼내어(소포장은 보통 100~150g) 찬물
   에서 불려 4~5㎝길이로 썬다.

   미역은 따뜻한 물에 불리면 제맛이 다 빠져나가므로 찬물에 불린다. 30분
   정도 충분한 물에서 불려서 칼질이 될 정도로 불어나면 바락 바락 주물러
   헹궈낸 뒤에 썬다. 끓는 동안에도 계속 불어나서 말린 미역의 7~10배 정도
   가 되므로 양 조절이 중요하다. 미역의 머리부터 줄기까지 온전히 푹 끓여
   깊은 맛을 내기에는 재래식 미역이 제격이다.

3. 쌀을 씻을 때 쌀뜨물은 버리지 말고 보관한다.

✤ 완성하기

1. 중간 불로 데운 냄비에 참기름을 두르고 적당히 잘게
   썬 고기, 다진 마늘을 넣고서 달달 볶는다.

2. 고기를 볶던 냄비에 미역을 넣고 미역 색이 초록색이
   될 때까지 뒤적거리며 볶는다.

3. 물을 분량대로 넣고 끓이다가 쌀뜨물로 국물 양을 조
   절하여 국간장, 소금으로 간을 한다.

4. 끓어오르면 거품을 걷어내고 약한 불에서 10분 이상
   끓인다.

미역줄기볶음

섬유질이 풍부한 미역줄기는 저렴하고 염장된 상태로 사므로
반찬거리가 없을 때 꺼내서 꼬들꼬들한 식감을 즐기며 먹을 수 있지요.

✚ 재료 4인분

염장 미역줄기 300g, 마늘 5~6알, 청양고추 2개, 국간장 1큰술, 멸치액젓 1큰술, 멸치육수 1/2컵, 현미유 적당량, 볶은 소금 약간, 통깨 약간

✚ 준비하기

1. 염장 미역줄기는 찬물에 담가 소금기를 빼주는데 겨울철에는 2시간, 여름철에는 1시간 정도 담가서 맑은 물에 두세 번 헹구어 놓는다. 물기를 제거한 미역줄기를 손으로 두꺼운 부분이 없도록 잘 갈라서 먹기 좋게 썰어 놓는다.

2. 마늘은 채를 쳐 놓고, 청양고추는 동그랗게 썰어 놓는다.

✚ 완성하기

1. 준비한 미역줄기는 먼저 국간장, 멸치액젓을 넣어서 먼저 주물러 놓아 간이 배게 한다.

2. 팬을 중간 불에 올리고 현미유를 넉넉히 두른 다음, 채썬 마늘을 먼저 볶다가 미역 줄기를 넣어 볶는다. 곧바로 멸치육수를 붓고 뒤적거려서 약한 불로 낮추고 뚜껑을 2~3분 덮어 놓는다.

3. 뚜껑을 열어서 미역이 부드러워졌으면 청양고추를 넣고 볶으면서 간을 본다. 소금으로 간을 맞추고 통깨를 넣어 마무리한다.

멸치 꽈리고추 볶음

초가을이면 꽈리고추도 제법 매워져요.
큰 아이들이나 어른들 밑반찬으로 가끔 만들어두세요.

♧ 재료

볶음용 멸치(중) 150g, 잔 꽈리고추 150g, 간장 2작은술, 청주 2큰술, 멸치육수(물) 2큰술, 조청 3큰술,
현미유 적당량, 볶은 소금 약간, 설탕 약간, 통깨 약간

♧ 준비하기

1. 멸치는 중간보다 작은 멸치로 구입해, 팬을 중간 불에서 데운 다음 중약 불로 낮춰서 기름
   없이 멸치만 넣어 비린 맛이 날아가도록 타지 않게 볶는다. 볶은 멸치는 체를 받치고 가루
   를 털어낸다.

   가루는 따로 보관해서 된장국에 넣어도 좋다.

2. 꽈리고추는 깨끗이 씻어 물기를 거두어 놓는다.

♧ 완성하기

1. 팬에 현미유를 두르고 꽈리고추와 소금을 넣
   고 새파랗게 볶아서 넓은 접시에 재빨리 펼
   쳐 놓는다.

2. 같은 팬에 다시 중약 불로 조절하여 현미유
   로 멸치를 살짝 볶아 팬의 한쪽으로 밀어 놓
   는다.

3. 팬의 빈자리로 분량의 간장, 청주, 육수(없으
   면 물), 조청을 넣어서 조림장을 만들어 끓이
   다가 멸치와 섞어서 1~2분 뒤적이다가, 재빨
   리 설탕을 넣고 다시 섞은 뒤 바로 불을 끈다.
   설탕이 다 녹을 때까지 기다리지 않는다.

4. 3에 볶아둔 꽈리고추를 넣어서 1~2분 뒤적거
   려 넓은 접시에 재빨리 펼쳐 열기를 날려 버
   린다.

   너무 많이 뒤적이면 꽈리고추의 색도 변하고 멸치의 윤기도 남아
   있지 않으므로 접시에 펴서 열기를 얼른 없애는 게 좋다.

다시마 오징어 초회

다시마는 요오드를 함유한 대표적인 해조류 중에 하나지요.
말린 다시마 말고 염장 다시마라는 것, 장볼 때 기억하세요!

♧ 재료

염장 다시마 100g, 오징어(중) 1마리
초고추장 재료 : 고추장 2큰술, 사과식초 1큰술, 생강청 1작은술, 매실청 2작은술, 마늘장아찌 국물 2작은술(없으면
생략), 청주 약간

♧ 완성하기

1. 염장 다시마는 염장된 상태에 따라 물에 30분 이상 담가 소금기를 빼고, 두세 번 헹구어 길
   이로 돌돌 말아 2cm씩 잘라 놓는다.

   모양을 내면서 잘라낸 끄트머리들을 모아서 현미유를 넉넉히 둘러 양파와 함께 볶으면 또 다른 반찬이 된다.

2. 오징어는 배를 가르지 않고 내장만 빼내서 손질한다. 다리의 흡판은 밀가루를 뿌려 문질러
   깨끗이 씻는다. 팔팔 끓는 물에 소금을 넣고
   오징어를 1~2분 정도 데쳐 낸 후, 찬물로 헹
   구어 놓는다.

   오징어 데친 물에 무를 넣고 끓이는 오징어뭇국 끓이기 158쪽.

3. 오징어를 링 모양으로 썬다.

4. 초고추장 재료를 잘 섞어서 뿌려준다.

   마늘 대신 마늘장아찌 국물을 활용하면 좋다. 고추장에 따라서
   도 초고추장의 묽기가 달라지므로 맛의 변화를 많이 주지 않으
   면서 묽기를 조절할 때에는 청주나 배즙을 이용하면 좋다.

오징어 뭇국

마땅한 국거리가 없을 때 간단하게 끓일 수 있지만
두고 먹기엔 색도 맛도 변하는 국이어서 한 끼 먹을 만큼만 마련하세요.
고추장이나 고춧가루를 넣어서 얼큰하게 끓여도 좋아요.

오징어 1/2마리, 무(중) 1/3개, 양파(소) 1 개, 대파 1/2대, 청양고추 2~3개, 다진 마늘 1/2큰술,
국간장 1큰술, 멸치액젓 1/2큰술, 소금 약간, 멸치육수 4컵

✤ 완성하기

1. 오징어는 깨끗이 씻어서 먹기 좋은 크기로 잘라 놓고, 무는 사방 2cm 정도로 납작하게 썰고, 양파는 채 썰고, 청양 고추와 파는 어슷썰기 한다.

2. 냄비에 무를 먼저 넣고, 다진 마늘, 국간장, 멸치액젓으로 간을 해서 육수를 넣어 한번 끓인다.

3. 끓어오르면 오징어, 양파, 청양고추를 넣고 무가 말갛게 될 때까지 끓이다가, 소금으로 간을 맞추고 파를 넣는다. 끓는 동안 생기는 거품은 걷어 낸다.

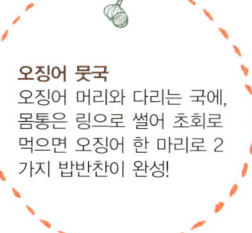

오징어 뭇국
오징어 머리와 다리는 국에, 몸통은 링으로 썰어 초회로 먹으면 오징어 한 마리로 2 가지 밥반찬이 완성!

안전한 외식
생활법

완전무결한 음식을 직접 해먹겠다고 마음먹었다 한들 요리의 세계는 호락호락하게 받아들여주지 않는다. 적응기간 동안은 아무래도 외식하던 습관을 버리지 못하게 되는데, 그럴 때마다 하던 외식은 나의 경우 다시 요리에 대한 의욕을 불태우게도 했다.

　15년 동안 줄곧 직장생활을 해왔던 나처럼 대부분의 직장인 아니 도시인들은 외식에 물렸어도 뾰족한 대안이 없다는 게 문제다. 도시락도 완전한 대안이 아니고, 구내식당이나 아이들 급식도 일반 식당을 이용하는 것과 사정이 다를 게 없다.

　요리에 무례할 정도인 나도 조미료와 수입 식재료에 의존하는 외식과 안전한 재료로 만드는 가정식은 차원이 다르다는 것을 알지만, 가정에서도 완벽하게 실천하기 어려운 친환경 식재료만 사용하는 외식업체란 꿈같은 얘기로 들릴 것이다. 사실 무조건 유기농 식당만 가야 하다고 하기엔 너무 비현실적이긴 하다. 그러나 외식이 가정식보다 더 잦은 현실에서 최대한 안전한 음식을 골라서 사먹어야 함은 매우 중요한 문제다.

한식당의 슬픈 오늘

〈에코밥상〉은 가정에서나 가능할 친환경 재료를 엄격하게 사용하는 식당이다.

　그러니 자연히 높아진 원재료비로 음식 가격도 상대적으로 비싸다. 그러나 화학조미료와 첨가물에 익숙한 외식인들은 처음에 값보다 입맛에서 장벽을 느꼈다. 창업한 지 7년을 맞은 요즘에는 단골도 많아졌지만 경영고를 해결할 수준은 아니다. 자연의 맛이 유행하는 웰빙(?) 덕분에 손님들이 에코밥상의 맛을 받아들이긴 했지만, 이젠 지갑 사정이 여의치 않다는 장벽을 만났다. 더군다나 기후 이상으로 친환경 채소는 생산량이 줄어들어 수시로 구하기도 어려워졌고, 친환경 인증이 없는 국산 채소값도 폭등하고 있어 식재료 값은 나날이 고공행진 중이다. 에코밥상의 고민이 더욱 깊어졌다. 팔수록 손해를 보는 나날이었기 때문이다. 외식을 줄이고 집에서 요리해먹고, 대신 비싸더라도 가끔 에코밥상 같은 믿을 만한 식당에서 사먹어서 건강하게 살자고 캠페인이라도 해야 할 판이었다.(이 책의 모태가 된 '자연과 생명을 생각하는 친환경 상차림 강좌'는 이런 배경에서 기획됐다고 한다.)

된장찌개 한 그릇 값은 서울 중심가를 기준으로 보통 6천 원에서 1만 원대까지 있다. 에코밥상의 값은 9천원(아무리 어려워도 된장찌개만큼은 개중 싼값에 대접하고 싶은 에코밥상의 철학 때문이라고 한다). 같은 음식인데 더 비싸거나 더 싼 이유는 뭘까? 외식을 선택할 때 싼 가격만 따지는 게 요즘 추세는 아니지만, 지나치게 싼 값은(지나치게 비싼 값도 식재료 원가는 크게 다르지 않다.) 안전성과 직결된다는 사실을 염두에 둬야 한다. 잊을 만하면 터지는 식품안전 사고. 어쩌면 우리는 외식은 믿을 수 없는 음식이라고 당연하게 생각하고 있는 건 아닐까?

사먹는 게 싸다는 소비자들의 경제 논리는 다양한 반찬을 갖춰야 하는 한식당을 기피하고 단품, 그것도 고기 위주의 식당이 외식업의 대세가 되게끔 만든다. 가격도 저렴하고 양도 풍성한 제철 채소와 나물이 어우러진 한식은 이제 우리 외식업에서 점차 사라지는 추세다. 음식이 주가 되지 않고 상견례 같은 형식적 필요에 의해 선택되는 식당으로 자리 잡는 오늘의 한식당이 안타깝다.

안전한 외식을 위한 기준

1. 주방이 큰 식당을 선택한다.

홀에 비해 주방이 협소한 식당은 대부분은 냉동이나 반조리된 재료를 쓰기 때문이다. 연관성 없이 너무나 다양한 메뉴를 자랑하는 식당도 냉동과 가공, 반조리 재료를 쓰는 경우가 많다. 이런 재료들은 육수통에 맹물만 항상 끓여놓으면 얼른 섞어서 음식을 만들어낼 수 있

다. 제대로 식재료를 다루고 설거지를 하고 화학첨가물이 아닌 천연재료로 맛을 내려면, 물리적으로 공간과 사람이 필요하다. 너무 작은 주방으로는 불가능하다.

2. 무조건 싸고 푸짐한 양을 선호하지 않는다.

제대로 만든 음식 값은 싸지 않다. 물론 비싸다고 다 안전하다는 말은 절대 아니다. 손이 많이 가도 재료를 다듬고, 되도록 전통 요리 과정을 통해 맛을 내는 음식은 정당한 값을 받아야 한다. 가격에 비해 지나치게 많은 양을 선호하는 소비자의 선택이 결국 지금의 '못 믿을' 식당문화를 만들었다. 재료비나 인건비를 줄여야 하니 안전한 천연 재료보다 화학조미료를 쳐야 싸고 푸짐할 수 있다. 그 음식들의 최종 종착지는 바로 우리들 소비자의 몸이라는 것을 기억해야 한다.

3. 제철 메뉴를 선택한다.

메뉴를 고를 때는 제철에 나는 재료를 쓰는 요리를 고른다. 제철인 재료는 값도 저렴해서, 같은 값으로도 좋은 재료를 구해서 요리할 수 있기 때문이다.

4. 건강한 조리법으로 만든 메뉴를 선택한다.

고기 먹는 습관을 바꾸기 어렵다면 기름에 튀기거나 직화 메뉴보다 수육처럼 삶거나 찐 메뉴를 선택하자. 고기의 안전성도 걱정이지만, 석쇠와 팬을 업체에 맡겨서 화학약품으로 닦을 수밖에 없는 식당의 현실상 안전하지 않기 때문이다.

5. 친환경 식재료를 쓰는 착한 식당 '친환경농산물 우수식당'을 이용하자

농림수산식품부가 후원하고, 환경농업단체연합회가 주관하는 〈친환경농산물 우수식당〉 제도는 2년마다 심사를 통해 선정된다. 친환경농산물 우수식당은 3등급으로 나뉘고, 세제와 소독도 친환경 제품으로, 화학적인 방법이 아닌 물리적인 방법으로 소독하는 방식을 따라야 한다. 일회용품을 배제하고 식기는 멜라닌 수지 등의 화학합성제품은 사용하지 않아야 한다.

◉ **친환경농산물우수식당(주황색 등급)**
• 쌀은 무농약 이상 쌀을 100%이상 사용할 것
• 채소류(근채, 엽채)는 무농약 이상 농산물을 90%이상 사용할 것

◉ **친환경농산물우수식당(청색 등급)**
• 친환경우수식당(주황색)의 조건 포함
• 과실류(과채, 과수)는 저농약 이상으로 사용할 것
  _수박, 참외 등의 과채류는 저농약 이상을 90%이상 사용할 것
  _방울토마토, 토마토 등의 과채류는 무농약 이상을 90%이상 사용할 것
  _과수류는 전체 사용량의 50%이상을 저농약 이상으로 사용할 것
  _국내에서 생산되지 않는 과일을 제외하고 수입산 과일은 절대 사용하지 않을 것
• 잡곡류는 저농약 인증을 50%이상으로 사용

◉ **친환경농산물우수식당(녹색 등급)**
• 친환경우수식당(청색)의 조건 포함
• 육류는 Non-GMO 사료로 사육을 기본으로 전체 사용량의 90%이상을 국내산 무항생제 축산물 및 유기축산물으로 사용할 것
• 양념류는 전체사용량의 90%이상을 친환경 인증농산물의 원료를 사용하여 가공한 것을 사용하고 친환경인증 농산물의 원료가 없는 경우는 국내산 및 자연산 원료를 90%이상 사용할 것

(http://www.kfsao.org/)

친환경농산물 우수식당 (2011년 현재)

건강한 밥상을 통한 자연과 인간의 순환 공간, 에코밥상

에코밥상은 2006년 9월 24일 서울 경복궁 근처에서 조그맣게 문을 열었다. 에코생활협동 조합이 안전한 외식문화를 통해 친환경 농업을 지원하려는 목적으로 만든 조합형 식당으로 출발했다. 건강한 밥상을 통해 자연과 인간과의 순환, 그리고 건강한 사회를 만들어가는 실천을 목표로 삼고 있다. 적선동의 조금 너른 공간으로 이사한 2008년에 친환경 우수 식당으로 선정되었다.

• 에코밥상
서울시 종로구 적선동 94번지 후빌딩 2층
02-736-9136
www.ecotable.co.kr

친환경농산물 우수식당 (2011년 현재)

• **청미래**
서울시 구로구 고척동 38-8 보광빌딩
지하1층
02-2681-0567

• **산들바람**
인천광역시 부평구 산곡3동 370-383번지
032-502-0633

• **밥상 차려주는 친환경 반찬가게**
　달팽이밥상
서울시 강남구 수서동 713
현대벤처빌 B1-114
02-2040-6755
www.dalbab.co.kr

• **행복한 밥상**
전남 순천시 연향동 1459-3
061-725-0602

• **올리(All利)**
충북 청주시 흥덕구 봉명동 896번지
청주YWCA회관
043-266-3702
www.alllee.co.kr

• **문턱없는 밥집**
1호점 : 서울특별시 마포구 서교동 481　태복
　　　　빌딩 1층 02-324-4190
2호점 : 인천시 계양구 계산2동 917-4번지 한
　　　　도빌딩 1층 032-543-6260
www.kmif.org

• **두레촌**
충청북도 증평군 증평읍 초중리 549-6
043-838-8370

• **자연N 웃는대지**
충청북도 청원군 오창읍 양청리 787-5번지
043-215-0203

• **유기농쌈밥 산아래**
충청북도 제천시 봉양읍 장평리 949-2
043-646-3233

• **전통전라도한정식 옥정 (玉鼎)**
전라남도 목포시 유달동 5-1
061-243-0012

• **백학의 농원 (백학관광농원)**
전라북도 정읍시 신정동 산117
063-535-9032

• **유기농뜨락 이플**
대구광역시 수성구 지산1동 950-3
053-784-3777
www.ippl.co.kr

• **총체보리 한우**
대구광역시 남구 대명9동 622-2
053-657-2002(식당), 3322(정육점)
www.tmtmcr.co.kr

• **양평개군한우**
경기도 양평군 양평읍 대흥리 505-11
031-770-4040
www.ypfarm.com

고기 요리 6가지

육식과 자구는 물과 불인데, 외식과 육식은 찰떡궁합이라서 사회생활을 하다 보면 육식을 피하거나 끊기가 정말 어렵습니다. 옛날엔 고기가 비싸기도 했지만, 요즘은 사실 자구의 수명을 줄이는 비용이 크니까 비싸다 할 뿐이지요.

자, 고기를 안 먹고 살 순 없다면, 전통적인 우리의 육식문화를 취하는 것도 방법입니다. 보통 우리 조상들은 국을 끓여 고기 한 점씩 여럿이 나누는 육개장 같은 음식으로 고기를 귀하게 먹었어요. 특별한 날엔 수육이나 찜으로, 조림으로 나눴고요. 이런 조상을 둔 우리는 자부심을 가져야 합니다. 그것이야말로 친환경이니까요.

덩어리 고기가 아니라 여럿이서 국물과 고기 한 점을 나누는 음식 위주로 고기 요리법을 익혀갔으면 합니다. 백수를 누릴 만한 장수 식생활도 되니 눈여겨 봐 주세요.

육류 선택할 때 유의할 점
비록 정육되더라도 키우는 동안은 청결한 환경에서 안전한 사료로 사육한 고기를 선택한다. 항생제와 동물성 사료를 먹이지 않는 것이 그것이다.

버섯 육개장

소고기 먹기가 좀처럼 쉽지 않았던 시절,
아주 경사스러운 일이 있거나 집안의 큰일을 치를 때
여럿이 나누어 먹을 수 있는 훈훈한 국이 육개장이지요.
아이들 생일에 끓여 주는 미역국 대신 어르신 생신상에 육개장을 올리는 풍습도 있어요.
토란대, 고구마 줄기 같은 저장 채소들도 불려서 같이 끓이면 시원한 맛이 더해집니다.

버섯 육개장
도전하기 망설여질 만큼 만
만치 않은 메뉴지만, 넉넉하
게 한번 끓여서 며칠 먹을
수 있어 좋아요!

✿ 재료 4인분

소고기 국거리(양지 또는 사태250g), 대파150g, 삶은 고사리 50g(생협에서 판다!), 숙주나물(콩나물)150g, 느타리버섯150g, 팽이버섯 한줌, 고춧가루 2큰술. 고추기름 1큰술, 다진 마늘 1큰술, 국간장 1큰술, 멸치액젓 1큰술, 소금 약간

육수용 재료 : 무, 대파, 양파 껍질, 다시마, 표고버섯, 건고추, 통후추, 생강 약간씩

✿ 준비하기

1. 소고기는 찬물에서 한 시간 이상 담가 핏물을 뺀다.

2. 물 3L에 육수용 재료를 넣고 끓인다.

3. 육수가 팔팔 끓을 무렵 핏물을 뺀 소고기를 넣고 중간 불에 약 30분간 끓인다.

4. 끓인 육수의 건더기를 다 건져내어 식힌다.

5. 소고기는 찢거나 결의 방향과 반대로 썬다. 표고버섯도 얇게 썰어놓는다.

> 소고기의 결대로 찢어서 요리하는 게 정통이지만, 결 반대로 납작하게 썰면 고기가 치아에 끼지 않아서 좋다.

6. 대파를 갈라서 속을 굵은소금으로 박박 문대서 헹궈야 미끌거리지 않는다. 숙주나물과 느타리버섯은 데쳐서 준비한다.

7. 삶은 고사리는 2~3번 씻어서 억센 줄기는 제거하고 6~7㎝로 잘라둔다.

✿ 완성하기

1. 소고기, 파, 고사리, 숙주나물, 느타리버섯, 다진 마늘, 고춧가루, 고추기름, 국간장, 멸치액젓, 육수 한 컵을 넣고 중간 불에서 뒤적거려 놓는다.

2. 남은 육수에 1을 다 넣고 재료들이 어우러지도록 3~5분간 끓인다.

3. 마지막에 기호에 맞게 후추와 소금으로 간을 맞추고 팽이버섯을 넣고 한 번 더 끓여 낸다.

느타리버섯 불고기

쫄깃한 버섯의 식감은 소고기와 함께 요리하면
두 재료의 풍미가 더욱 살아나지요.
소고기 요리에 어울리는 참기름은 마지막에 쓰는 것이 포인트랍니다.

소고기 불고깃감 300g

느타리버섯 300g, 양파(중) 1개, 대파 2대, 다진 마늘 2작은술, 다진 생강(또는 생강 절임) 1작은술, 진간장 2큰술, 소금 약간, 조청 1큰술, 후추 약간, 참기름 약간

소고기 밑간 : 배(중) 1/2개, 양파(중) 1개, 청주 또는 배술 2큰술

♧ 준비하기

1. 배 1/2개, 양파 1개를 믹서나 강판에 갈아 청주(배술)와 함께 소고기를 2~3시간 재워둔다.

　　　이렇게 밑간을 하면 누린내를 없애며 배, 양파의 단맛이 배어들어서 설탕을 쓰지 않아도 된다.

2. 느타리버섯은 단단한 밑동만 제거하고 손으로 몇 가닥씩 찢는다.

3. 대파를 2~3등분하여 다 모아서 한꺼번에 4~5㎝로 잘라 놓는다.

♧ 완성하기

1. 팬을 중간 불에 올려서 다진 마늘, 진간장, 조청, 생강, 재워둔 소고기를 넣고 끓인다.

2. 고기가 익으면 조청과 소금으로 간을 조절한 다음 양파를 넣어서 식성에 맞게 고기를 익힌다.

3. 느타리버섯, 파를 넣고 2~3번 휘젓다가 후추와 참기름으로 마무리한다.

　　　소고기는 너무 익힐 경우에 질겨진다.

통삼겹살 수육

삼겹살은 구이보다 삶아서 수육으로 먹는 방법을 권하고 싶어요.
돼지고기 지방층에 축적된 나쁜 성분을 한번 우려내고 먹으니
우리 몸에도 훨씬 좋겠어요!

✿ 재료 4인분

통삼겹살 600g, 물 1.5L, 통후추 10g, 삼백초 10g, 생강 20g, 된장 2큰술,
양파 껍질 적당량, 파 뿌리 적당량, 맥주 160ml(작은 병 1/2 정도)
새우젓장 : 새우젓 1큰술, 다진 마늘 1/2작은술 ,생강청 약간, 고춧가루 약간, 청주 약간
쌈장 : 된장 2큰술, 고추장 2작은술, 다진 마늘 2작은술, 생강청 2작은술, 조청 2작은술

✿ 준비하기

1. 돼지고기는 덩어리째 찬물에 넣어서 핏물을 빼둔다.

2. 깊은 냄비에 통후추, 삼백초, 얇게 썬 생강, 양파껍질, 파뿌리를 넣고 물을 부어 강한 불에
   서 끓인다.

3. 끓는 육수를 조금 덜어서 된장을 풀어 다시 넣고, 맥주도 넣은 다음 고기를 넣고 중간 불로
   낮추고 30~40분 더 끓인다. 고기가 떠오르면 젓가락으로 찔러봐서 쑥 들어가면 다 익은 것
   이다. 불을 끄고 30분 정도 놔둔다.

4. 고기를 꺼내서 시원한 곳으로 옮겨 식힌다.

✿ 완성하기

1. 가열해도 되는 내열 뚝배기나 전골냄비에 육수를 반 컵 넣고, 식힌 돼지고기를
   0.3~0.4mm 정도로 예쁘게 썰어서 돌려 담는다.

2. 뚜껑을 닫고 김이 오르게 가열한다.

3. 돼지고기와 어울리는 양파를 너무 얇지 않게 채 썰어 소금과 들기름으로
   간을 해서 고기 가운데로 올린다. 쌈장과 새우젓장도 분량대로 만들어서
   채소와 곁들여 낸다.

통삼겹살 수육
양파채는 마지막에 만드세
요. 양파껍질은 잘 씻어서
육수재료로 쓰고요.

오징어
제육볶음

오징어와 돼지고기는 익는 시간이 달라요.
돼지고기 누린내와 밍밍한 오징어 맛도 각각 고쳐줘야 하고요.
보통 설탕과 고추장으로 달고 매운맛을 내는데,
설탕 대신 매실청, 생강청을 넣으면
훨씬 몸에 좋겠지요.

✤ 재료 4인분

오징어(중) 1마리, 제육볶음용 돼지고기 300g, 생강술 3큰술, 양파(중) 2개, 파 2대, 청양고추 2개, 홍고추 1개, 참기름 약간, 육수 1/2컵

볶음 양념 : 고춧가루 2큰술, 고추장 2큰술, 생강청 2큰술, 매실청 2큰술, 다진 생강절임 1큰술, 다진 마늘 1큰술, 진간장 1큰술, 조청 1큰술

✤ 준비하기

1. 오징어 배를 가르지 말고 몸통에 손을 넣어 내장을 잡고 떼어낸다. 냉동 오징어라면 완전히 해동되기 전에 손질하는 것이 내장을 제거하기 편리하다. 씻을 때에는 쌀뜨물이나 밀가루를 활용해서 씻으면 좋다.

2. 오징어 몸통을 0.5㎝ 정도 두께로 일정하게 썬다.

3. 돼지고기는 일정한 크기로 썰어, 양념을 만드는 동안 먼저 생강술을 부어 재워둔다.

4. 양파는 너무 가늘지 않게 숭숭 채 썰고, 청양고추와 홍고추도 어슷하게 썬다.

5. 볶음 양념 재료를 섞어서 2등분하여, 먼저 익힐 돼지고기, 오징어에 각각 나누어 넣고 버무린다.

   오징어는 오래 열을 가하면 물이 나온다. 돼지고기는 완전히 익혀서 먹어야 한다. 두 재료를 따로 익혀야 하므로 양념도 각각 해야 한다.

오징어 제육볶음
쓰지 않은 오징어 다리와 머리는 잘게 다져서 파전이나 부추전을 부칠 때 쓰게끔 냉동고에 보관하세요!

♧ 완성하기

1. 먼저 팬에 육수를 조금 붓고서 양념에 버무린 돼지고기를 충분히 익힌다.

   돼지고기에 기름기가 있는 편이므로 볶을 때 기름 대신 육수를 넣고 볶는다.

2. 돼지고기가 어느 정도 익으면 양파, 양념에 버무린 오징어 순으로 넣어 재빨리 볶고, 파, 청양고추, 홍고추도 넣는다. 마지막으로 참기름을 넣어 마무리한다.

   덮밥을 만들 때는 국물이 어느 정도 필요하다. 이때는 육수를 조금 넉넉히 넣고 요리한 뒤에 마지막으로 물 전분을 만들어 섞는다. 감자가루와 물을 동량으로 넣고 섞어서 요리가 다 된 볶음에다 혼합한다. 다시 불을 켜서 한번 끓여 밥에 얹는다!

보양 백숙과 녹두죽

한국인들의 대표적인 보양식인 삼계탕이나 백숙을 녹두 찹쌀죽과 함께 먹는다면,
고기로만 배를 채우지 않아서 좋고 조금씩 여럿이 나눠 먹을 수도 있지요.
녹두는 해열, 해독작용이 뛰어나 여름에 섭취하면 좋고요. 깐녹두가 아니라
통녹두 그대로   죽을 쑤면 고소한 맛이 더욱 일품이랍니다!

♧ 재료 4인분

생닭 1~1.2kg, 물 4L, 황기 30g, 가시오가피 30g, 마늘 6쪽, 대추 3개, 인삼(중) 1뿌리, 밤 2개

녹두 채소 죽 : 찹쌀 1과 1/2 컵, 통녹두 100g, 감자(소) 1개, 양파(소) 1개, 표고버섯 1장, 부추 약간, 소금 적당량, 후추 약간, 통깨 약간, 송송 썬 파 약간

♧ 준비하기

1. 생닭은 날개 끝, 엉덩이 부분의 지방을 제거하고, 안쪽에 손을 집어넣어 남아 있는 내장 찌꺼기나 핏덩이도 잘 정리해 깨끗이 씻는다.

   백숙은 삼계탕용 닭보다는 살집이 좀 더 있는 생닭을 구매한다. 생협에서는 통닭이라는 이름으로 판매한다.

2. 인삼은 칫솔로 흙을 잘 씻어서 3~4등분 한다. 대추도 칫솔로 잘 씻어 놓는다. 마늘은 통째로 쓸 것이므로 껍질과 꼭지만 정리한다. 밤은 겉껍질만 벗겨서 2등분한다.

   밤의 속껍질(율피)은 예로부터 피부와 신장에 좋은 한약재로 사용하였던 좋은 식재료인 만큼 없애지 않는다. 주방에 주방용 칫솔이 있으면 편리하다. 주름이 많은 대추, 잔가지가 있는 인삼 같은 식재료를 씻을 때 좋다.

3. 손질하여 놓은 닭에 인삼, 대추, 마늘, 밤을 넣고 내용물이 나오지 않도록 다리를 오므려 모양을 잡아 놓는다.

4. 황기, 가시오가피는 잘 씻어 놓는다.

5. 찹쌀은 두세 번 씻어 물에 한 시간 정도 불려 놓고, 통녹두는 돌이 있는 경우가 있으니 잘 일어서 먼저 삶아둔다.

   녹두를 삶을 때는 넉넉한 양으로 씹을 수 있을 정도로만 삶아서 한번 먹을 양씩 나누어 냉동 보관하면 다음번에 요리할 때 편하다.

6. 감자와 양파, 부추는 잘게 썰고, 표고버섯도 불려서 다른 채소와 같은 크기로 썰어 놓는다.

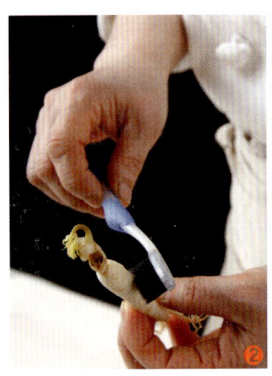  

♣ 완성하기

1. 냄비에 준비한 닭, 가시오가피, 황기를 넣고 약 4L 정도(닭이 충분히 잠길 정도)의 물을 넣고 끓인다. 강한 불에서 끓기 시작하면 중간 불로 낮추고 30~40분 더 끓인다.

   압력솥을 사용할 경우 고기가 좀 더 쫄깃해질 수 있는데, 강한 불에서 추가 돌면 중약 불로 낮추어 30분을 끓여 불을 끄고 자연스럽게 김이 나가게 한다.

2. 냄비에서 백숙과 건더기를 다 건지고 닭 육수 6컵 정도를 덜어낸다.

3. 죽 끓일 냄비에 불려 놓은 찹쌀, 녹두, 감자, 양파, 표고버섯(부추는 넣지 않는다)을 넣고 덜어 놓은 육수 중 4컵을 넣어서 강한 불에서 끓어오르면 불을 약하게 낮추고 15분간 저으면서 끓인다.

   압력솥에서 죽을 끓일 때는 강한 불에서 추가 돌기 시작하면서부터 3분간 끓이다가 약한 불로 낮춰서 2~3분 끓인다. 그런 다음 불을 끄고 자연스레 김이 빠지게 둔다. 죽을 먹을 즈음 죽이 퍼지고 퍽퍽해질 수 있다. 이때 남겨둔 육수 2컵으로 죽의 농도를 맞춘다.

4. 죽은 소금으로 간을 하고, 썰어 놓은 부추를 얹어 백숙과 함께 내거나 고기를 먹은 다음에 내도록 한다.

녹두죽
전기밥솥으로 죽을 만들 수 있지만 통녹두처럼 껍질이 있는 곡물로 죽을 만들 때는 증기배출구가 막힐 수 있어서 주의해야 해요.
제품설명서 확인은 필수!

닭찜

기름에 튀긴 통닭이 먹고 싶을 땐 닭찜을 얼른 해서 드세요.
고소하고 담백한 닭찜 맛에 치킨 생각은
잊어버릴지도 모른다니까요! 반찬으로
먹으니 양도 줄일 수 있고요.

닭찜
고춧가루를 쓰지 않아서 아
이들이 먹기도 좋아요. 달콤
하고 담백해요.

✿ 재료

토막닭 1kg 내외, 참기름, 물 1컵, 감자 3개, 당근 1/2개, 표고버섯 2개, 양파 2개, 밤 3~4개, 대추 5~6개,
건고추 약간, 삼계용 수삼 2~3뿌리, 조청 2큰술

닭 밑간 재료 : 청주(배술) 2큰술, 생강청 3큰술, 배(중) 1/4개, 양파(중) 1/2개, 진간장 2큰술, 후추 약간,

조림 양념 : 진간장 6큰술, 청주 2큰술, 다진 마늘 1큰술, 다진 파 2큰술, 생강청과 다진 생강절임 2큰술, 매실청 2
큰술

✿ 준비하기

1. 닭의 지방 부위를 제거하고 깨끗이 씻는다. 살집이 많은 부위에는 칼집을 넣어서 끓는 물
   에 청주, 소금을 넣고 데쳐내 기름기를 제거하고 찬물에 헹군다.

2. 데친 닭고기에 청주(배술), 갈은 배와 양파, 생강청, 진간장, 후추로 밑간을 하여 서늘한 곳
   에 둔다.

3. 감자, 당근, 표고버섯, 양파를 한입 크기로 큼지막하게 썰고, 대추와 수삼은 칫솔로 깨끗이
   씻어 적당한 길이로 잘라 놓는다. 밤은 2등분하여 놓는다.

✿ 완성하기

1. 우묵한 팬에 닭, 감자, 당근, 밤, 조청 2큰술
   에 조림 양념과 물을 넣어서 뚜껑을 닫고 중
   간 불에서 15분 정도 조린다. 참기름은 미리
   넣지 않는다.

2. 뚜껑을 열고, 양파, 대추, 수삼, 건고추를 넣
   어서 뒤적인 뒤 10분간 더 조린다.

3. 조청을 넣어 윤기와 단맛을 더하고 잠깐 더
   조린 뒤 참기름으로 마무리한다.

콩과 된장 요리 6가지

콩은 성인병과 암을 예방하는 효능으로 각종 요리에 자주 등장하는 재료입니다. 서리가 내린 뒤에 수확하는 서리태의 껍질은 검은색이지만 알맹이는 초록색이고요, 흰콩은 메주콩이라고도 부르는데, 메주를 떠서 된장을 만들지요. 약콩이라 불리는 쥐눈이콩도 각종 효능이 많은데, 이 콩은 주로 볶거나 가루를 내서 간식으로 먹습니다.
콩은 된장은 물론 콩나물, 숙주나물로도 진화합니다. 두부는 워낙 주된 식재료라서 따로 뺐습니다. 콩가루, 콩기름 등 우리 식단의 없어서는 안 될 먹거리가 바로 콩이랍니다.

'유전자 조작, 수입 콩이 아니라 반드시 우리 콩, 우리 콩 가공식품을 구입한다.'

감자 된장찌개

된장찌개는 맛있는 된장만 있으면 제철에 나는 채소를
다양하게 넣어 끓여 먹을 수 있어요. 기본은 된장, 멸치육수 그리고 두부입니다.
계절마다 구할 수 있는 채소를 넣고 기호에 따라서 육류를 넣거나 우렁이, 새우, 게, 전복 등
해물을 넣고도 끓이지요.
여름에 흔한 감자는 된장찌개에 구수한 맛과 향을 줍니다.

재료 3~4인분

된장 3큰술, 멸치육수 3컵, 감자 1개, 애호박 1/4개, 양파 1/2개, 표고버섯 1개, 두부 1/2모, 대파 1/4대, 고춧가루 약간, 청양고추 1개

준비하기

1. 뚝배기에 물을 넣고 멸치와 표고버섯도 넣어 강한 불에 올린다. 펄펄 끓으면 중약 불로 낮춰 10분간 더 끓여서 멸치를 건져내고 표고버섯은 대를 떼어내고 편으로 썬다.
2. 감자는 납작하고 도톰하게 썰어서 표고버섯과 함께 먼저 뚝배기에 넣고 익힌다. 감자를 오래 익히면 된장찌개가 텁텁해진다.

   된장을 사용하는 국이나 찌개에는 단단한 재료가 있을 때에는 재료를 먼저 익히고 나중에 된장을 풀고, 아욱이나 시금치처럼 순간적으로 숨이 죽는 잎채소와 끓이는 된장국에는 된장을 먼저 풀어 끓이다가 나중에 재료를 넣는다.

완성하기

1. 애호박과 양파를 썰어서 넣은 뒤 국물을 조금 덜어내 된장을 풀어서 뚝배기에 붓는다.
2. 끓어오르는 거품을 걷어내면서 끓인다.
3. 두부를 적당한 크기로 썰어 넣는다. 이때 고춧가루를 조금 넣으면 칼칼한 맛을 낸다. 청양고추와 대파는 어슷하게 썰어서 마지막에 넣고 불을 끈다.

감자 된장찌개
뚝배기는 너무 센 불로 쓰면 금방 깨질 수도 있어요. 육수를 따로 준비해 중약 불부터 뚝배기에 쓰세요.

얼갈이배추 된장국

채 자라지 않은 어린 배추를 솎아낸 얼갈이배추는
고소하고 부드러운 맛으로 봄과 가을, 국과 나물로 먹습니다.
봄철 얼갈이배추가 가을보다는 더 연하니까 더 짧게 익히고요.
얼갈이배추가 한창일 때 넉넉히 사서 데친 뒤 냉동하면,
언제든 된장국을 금방 끓일 수 있으니 얼마나 좋은지 몰라요!
냉동실에서 한 달은 식감도 그대로랍니다.

✿ 재료 4인분 2회분

얼갈이배추 500g, 된장 3큰술, 소금 약간, 다진 마늘 2작은술, 어슷썬 파 2큰술, 청양고추(또는 고춧가루) 3개, 육수
(물, 멸치, 새우, 다시마 약간) 8컵

✿ 준비하기

1. 얼갈이배추를 뿌리 쪽만 다듬어 한번 씻어둔다. 데쳐서 여러 번 헹굴 것이므로 미리 많이
   씻을 필요가 없다.

2. 냄비에 물을 충분히 붓고서 굵은소금을 조금 넣어 팔팔 끓으면 얼갈이배추를 뿌리 쪽부터
   넣고 1~2분 데친다.

3. 찬물에 재빨리 넣어서 여러 번 헹군다.

4. 물기를 꼭 짜서 4cm 길이로 썰어둔다.

✿ 완성하기

1. 냄비에 멸치, 새우, 다시마와 물을 넣고 중간 불에서 5분 정도 끓여서 육수 재료를 건져 낸
   다. 강한 불에서 오래 끓이면 육수가 텁텁해진다.

2. 얼갈이배추에 된장, 다진 마늘을 넣고 조물조물 무친다.

3. 2를 육수에 넣고 끓이면서 올라오는 거품을 걷어낸다. 간을 보고 기호에 맞춰 소금으로 가
   을 완성한다.

   된장국을 끓일 때 된장 거품을 걷어내면 쓴맛도 걷힌다. 기호에 따라 넣는 고춧가루는 거품 제거 후에 넣어야 값비싼 고춧가루를
   버리지 않을 수 있다.

4. 송송 썬 청양고추(또는 고춧가루)와 파를 넣어 칼칼한 맛을 더한다.

5. 기호에 따라 두부도 넣는다. 국에 넣는 두부는 찌개보다 크기를 작게 썰고 양도 조금만 넣
   는다.

얼갈이배추 된장국
미리 만들어둔 육수를 쓰면
더 빨리 만들 수 있어요.
우려낸 육수 재료도 국과
함께 먹어봤더니 나쁘지 않
더라고요!

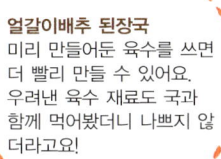

아욱 된장국

옛말에 가을 아욱국은 문을 걸어두고 끓여먹는다는 말이 있지요.
이 맛난 아욱으로 먹을 것이 부족하던 시절에 아욱죽을 끓이기도 했어요.
식은밥으로 끓이는 아욱죽도 별미예요.

✥ 재료 4인분

아욱 300g, 된장 2큰술, 고추장 약간, 소금 약간, 다진 마늘 2작은술, 대파 1/2대, 청양고추(또는 고춧가루) 2개,
육수 : 멸치 6~7마리, 손바닥 크기 다시마 1장, 표고버섯 1개, 보리새우 6~7마리, 물 6컵

✥ 준비하기

1. 연한 봄철 아욱은 줄기 쪽으로 잎을 똑 따면서 억센 껍질만 제거하여 다듬는다. 가을 아욱
   은 줄기의 센 껍질을 제거하고 양푼에 넣어 굵은소금으로 바락바락 주물러 푸른 물을 빼고
   씻어서 적당히 썰어둔다. 대파는 어슷하게 썬다.

2. 냄비에 멸치, 새우, 다시마, 표고버섯을 넣고 중간 불에서 5분간 끓이고 건더기를 건진다.

✥ 완성하기

1. 다듬어 씻은 아욱에 된장, 고추장, 마늘을 넣고 주물러 미리 간이 배게
   한다.

2. 끓는 육수에 1을 넣고 중약 불에서 아욱이 누렇게 될 때까지 끓이다가
   청양고추와 파를 넣고 마무리한다.

아욱을 넣을 때 새우나 조개를 함께 넣어 끓여도 감칠맛이 난다.

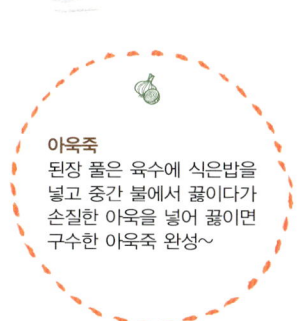

아욱죽
된장 풀은 육수에 식은밥을
넣고 중간 불에서 끓이다가
손질한 아욱을 넣어 끓이면
구수한 아욱죽 완성~

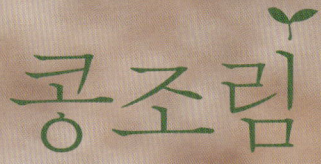

콩조림

표고버섯, 다시마를 넣고 조리는 콩조림은 3가지를
한꺼번에 먹을 수 있어 일석삼조이지요.

✤ 재료

서리태 2컵, 물 6컵, 유기농 설탕 1컵, 볶은 소금 2큰술, 진간장 1큰술, 조청 3큰술, 건표고버섯 3장,
손바닥 크기 다시마

✤ 준비하기

1. 서리태를 씻으며 돌과 잡티를 고른다.

2. 깊은 냄비에 서리태와 물 4컵, 설탕, 소금, 표고버섯을 넣고 뚜껑을 달
   아서 8시간 이상 불린다. 불어난 서리태는 원래 부피의 2배 정도 된다.

   표고버섯은 불순물을 제거하고 물에 재빨리 한 번 씻어서 넣는다.

✤ 완성하기

1. 냄비를 중간 불에 올려 콩이 끓기 시작하면 표고버섯을 건져내고 다시마와 물 2컵을 붓는
   다. 다시 끓기 시작하면 약한 불로 낮추고 저으면서 5분간 끓인 뒤, 다시마도 건져 낸다. 거
   품을 걸어내면서 조리는 내내 뚜껑은 열어둔다.

2. 건져낸 표고버섯과 다시마를 콩보다 조금 크게 썰어서 다시 1의 냄비에 넣고, 진간장, 조
   청 2큰술을 넣는다. 가끔 저으며 거품을 걸어내면서 1시간 정도 조리면 조림장이 자작하게
   졸아든다. 이때 조청 2큰술을 마저 넣고 중간 불에서 뒤적여주다가 윤이 나면 불을 끄고 식
   힌다. 그릇에 담을 때 통깨를 얹는다.

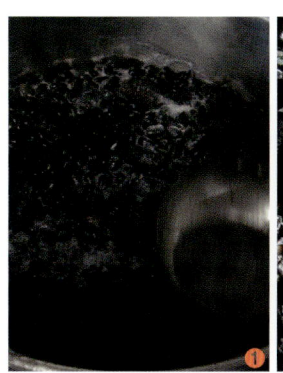   

서리태 콩국수

메주콩이라고도 부르는 흰콩은 된장으로 많이 섭취하지요.
그래서 검은콩으로 해먹는 콩국수를 소개합니다.
검은콩 주스도 한 잔 마실 수 있어요!

✣ 재료 4인분

서리태 1컵(150g), 잣 1/2컵, 참깨 2큰술, 흑임자 2큰술, 볶은소금 1과 1/2큰술, 생수 8컵,
우리밀 국수 500g 한 봉지, 오이 1/2개, 방울토마토 4개

✣ 준비하기

1. 서리태를 일면서 잡티와 돌을 고르며 씻는다. 충분한 물을 부어 3시간
   이상 불린다. 불린 콩은 마른 콩의 2배 정도 부피가 된다.

2. 깊은 냄비에 불린 서리태를 넣고 충분히 물을 넣어서 강한 불에 올린
   다. 끓으면 중약 불로 낮춰 5분간 더 끓이다가 불을 끈다.

   > 거품과 함께 끓어오르기 때문에 깊이가 얕은 냄비는 적당하지 않다. 무르게 삶지 않는 요령은 콩
   > 한 알을 먹어서 아작아작한 느낌이 나는 정도로 익히는 것이다. 서리태를 삶은 물은 너무 검은 색
   > 이 진해서 국수 국물로 쓰지 않는다. 대신 주스로 마실 수 있도록 끓일 때 깨끗한 물을 쓴다.

3. 오이는 채썰고, 방울토마토는 반으로 갈라놓는다.

✣ 완성하기

1. 믹서에 서리태, 잣, 생수를 넣고 간다. 이때 생수를 한 번에 다 넣으면 곱게 갈 수 없으므로
   몇 번에 나누어 넣는다. 처음 3컵으로 갈다가, 내용물을 체로 걸러내고, 건더기만 다시 믹
   서에 넣고 참깨, 흑임자와 물 3컵을 부어 한 번 더 갈면 버리는 콩 찌꺼기가 없이 먹기 좋게
   곱게 갈아진다. 나머지 물 2컵으로 믹서에 남은 것들을 알뜰하게 거둬내서 콩물에 합한다.

2. 콩물에 소금으로 간을 한다. 바로 먹지 않고 두었다 먹을 때는 소금 간을 미리 하지 않는다.

3. 국수 삶기

① 큰 냄비의 절반 정도를 물로 채우고 소금을 조금 넣고 팔팔 끓인다.

국수가 삶아지는 동안에는 거품이 사정없이 올라오기 때문에 재빨리 헹굴 찬물을 미리 준비하는 것이 좋다.

② 끓는 물에 국수를 부채꼴 모양으로 돌려서 넣고 젓가락으로 저으며 삶기 시작!

③ 국수가 부글부글 끓어오를 때 찬물을 조금 더 넣고 펄펄 끓이기를 3번 정도 반복한다. 이렇게 익혀야 물이 넘치지 않으면서 면발이 찰지다.

찬물을 미리 준비해둔다.

④ 불을 끄고 국수 한 가닥을 손끝으로 잘라서 심이 없어진 느낌이 들면 다 익은 것!

⑤ 준비해둔 찬물에 헹군다. 찬물에서 여러 번 비벼 헹궈야 미끈거리는 전분이 제거되고 면발이 탱탱해진다.

⑥ 물기가 빠지게끔 체에 둔다.

국수용 체는 넓고 평평한 소쿠리를 쓰면 1인분씩 나눠 물기를 뺄 수 있다.

4. 그릇에 국수를 담고 콩물을 가만히 옆으로 부은 뒤, 오이와 토마토를 얹고 흑임자를 뿌려 장식한다. 시원하게 먹으려면 얼음을 띄운다.

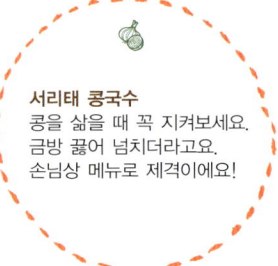

서리태 콩국수
콩을 삶을 때 꼭 지켜보세요.
금방 끓어 넘치더라고요.
손님상 메뉴로 제격이에요!

숙주나물 무침

숙주나물은 녹두를 기른 싹이지요. **탁월한 중금속 해독 작용**과 **높은 비타민 함유량**에 만들기도 부담 없어요. 그러나 숙주나물은 금방 변색되므로 바로 먹을 만큼만 사야 해요.

✿ 재료 4인분

숙주나물 300g, 국간장 1작은술, 소금 약간, 다진 마늘 1/2작은술, 다진 파 1작은술, 참기름 약간, 통깨 약간

✿ 완성하기

1. 숙주나물은 물에 한두 번 씻어서 끓는 불에 소금을 넣고 살짝 데친다. 숙주나물 무침의 포인트는 신선한 숙주나물의 아삭한 식감이 잘 살도록 데치는 것이다. 데쳐낸 숙주나물은 찬물에 재빨리 헹구고 마지막으로 헹굴 때 깍지를 골라낸다.

2. 마늘과 파가 너무 많이 들어가면 맛이 살지 않으므로 조금만 넣어야 한다. 간장, 소금과 함께 무친 뒤 참기름, 통깨로 마무리한다.

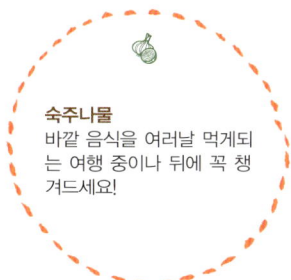

숙주나물
바깥 음식을 여러날 먹게되는 여행 중이나 뒤에 꼭 챙겨드세요!

봄, 여름의 장아찌 5가지

장아찌라는 음식은 제철에 갈무리한 채소들을 다음해 수확기까지 최대한 오래 먹기 위해 고안해낸 지혜의 발효음식입니다. 장아찌 재료들이 한창 수확되는 계절인 봄과 여름에 담가먹을 수 있는 장아찌들을 소개합니다.
늦가을 장아찌는 진하고 깊은 맛이 나게 담그지요. 그러나 봄과 여름에는 며칠 두고 먹을 양으로 산뜻하고 아삭하게 담가 봅니다.

마늘, 매실, 양파는 늦봄부터 초여름이 수확기예요. 특히 매실장아찌를 만들어두면, 장아찌는 반찬으로, 청은 각종 음식에 소스와 설탕 대신 넣을 수 있으니, 귀한 식재료가 됩니다. 또 배탈이 났을때나, 평소 음료로 마시는 등 쓰임새가 좋으니 초보 살림꾼들도 봄에 꼭 한번 담가 보세요.

고추, 마늘, 양파, 깻잎 장아찌의 국물 활용법
- 전과 부침을 먹을 때 필요한 간장 대용으로 별다른 양념 없이 장아찌 국물에만 찍어 먹는 맛은 자극적이지 않으면서도 맛깔나다. 장아찌 재료들인 마늘, 양파, 고추 등의 은은한 향이 나는 비빔용 고추장을 만들 때 조금 넣는다.
- 간장과 설탕을 추가해 한 번 끓여서 장아찌를 다시 담을 때 써도 좋다. 너무 여러 번 반복하면 장아찌 맛이 떨어진다는 점은 유의하자.

양파장아찌

매운 맛은 덜하고 아삭아삭한 햇양파 장아찌입니다.
청양고추로 매콤한 맛을 내지만, 자극적인 맛을 원하지 않을 땐
풋고추를 넣으면 산뜻해요.

♧ 재료

양파 1kg, 청양고추 100g
절임장 : 진간장 1컵, 국간장 3큰술, 멸치액젓 3큰술, 유기농 설탕 1/2컵, 매실청 3큰술, 현미식초 1/2컵, 물 1컵

♧ 준비하기

1. 양파장아찌를 보관할 항아리나 유리병을 준비해 씻은 뒤 물기를 완전히 없앤다. 항아리는 햇볕에 잘 말리는 방법으로, 유리병은 내열 용기로 마련해서 뜨거운 물로 한번 헹궈서 소독한다.

2. 양파의 뿌리를 다 제거하지 말고 다듬어 씻고 십자로 썬다. 청양고추도 숭숭 썬다.

♧ 완성하기

1. 양파와 청양고추를 번갈아 넣으면서 병을 채운다.

2. 식초, 매실청을 제외하고 절임장 재료들을 섞어서 끓인다.

3. 불을 끄고 식초와 매실청을 섞은 뒤 양파를 담은 병에 붓는다. 뜨거울 때 부어야 양파 장아찌가 아삭하다.

4. 다 식힌 뒤 뚜껑을 닫고 상온에서 하루 보관한 뒤에 냉장 보관한다. 2~3일 뒤에 절임장을 따라내어 한번 끓이고 식혀서 부어준다.

   식구가 없거나 먹는 양이 적어서 오래 두고 먹어야 한다면, 절임장만 냄비에 붓고 끓여 식힌 뒤 붓는 과정을 3일 간격으로 3회 정도 반복한다.

즉석
깻잎장아찌

늦가을까지 깻잎은 계속 수확되지만,
여린 잎의 은은한 향이 좋을 때
하루 만에 절여 먹는
간편 깻잎장아찌입니다.
짜지 않아야 상큼한 맛을 제대로 느낄 수 있어요.
간단하니까 자주 만들어서 많이 드세요.
일주일 정도는 두고 먹을 수 있어요.

♧ 재료

깻잎 10봉지(30장×10), 양파 4개, 홍고추 3개

절임장 : 물 3컵, 표고버섯 1장, 손바닥크기 다시마, 진간장 1컵, 멸치액젓 1/2컵, 유기농 설탕 1컵, 사과(중) 1/4개, 생강 한 마디, 통후추 1작은술, 대추 3개, 청주 2큰술, 레몬 1/4쪽, 식초 1/2컵

♧ 준비하기

1. 잘 씻은 깻잎을 체에 세워서 물기를 뺀다.

2. 식초를 제외한 모든 절임장 재료를 냄비에 잘 섞어 5분 끓인다. 불을 끄고 다시마를 건져내고 1시간 동안 식혀서 체에 거른 뒤에 식초를 섞어 놓는다.

3. 양파는 채썰기하고, 홍고추도 2cm 길이로 채썬다.

♧ 완성하기

1. 넉넉한 용기에 깻잎 3~4장씩 깔고 양파와 홍고추를 얹은 뒤 절임장을 끼얹는 순서로 반복하여 담고, 뚜껑을 닫아서 상온에서 반나절 정도 둔다.

2. 반나절이 지나면 부피가 줄어들어 있으므로 용량에 맞는 용기로 옮겨 담는다. 내용물을 먼저 옮기고 절임장을 위에서 부어준다. 바로 냉장고에 보관하면서 다음날부터 먹는다.

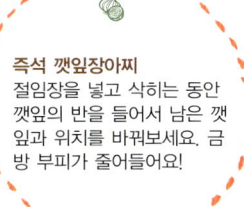

즉석 깻잎장아찌
절임장을 넣고 삭히는 동안 깻잎의 반을 들어서 남은 깻잎과 위치를 바꿔보세요. 금방 부피가 줄어들어요!

마늘장아찌

연한 햇마늘이 나오는 봄철, 껍질째 담거나 껍질을 까서 담는 마늘장아찌는
생으로 먹기 매운 마늘을 먹기 좋게 만들어요. 육류와 곁들이면 그만이지요.
마늘장아찌 국물은 각종 요리에 마늘향이 나는 소스로 쓰기에 참 좋아요!

♧ 재료

통마늘 2kg, 소금 1컵, 물 2L
절임 식초 : 현미식초 2컵, 유기농설탕 2컵, 마늘 절였던 소금물 5컵

> **마늘장아찌**
> 국물로 초고추장이나 비빔
> 밥용 맛고추장을 만들 때 써
> 보세요. 마늘 안 넣어도 되
> 겠더라고요!

♧ 준비하기

1. 깐 마늘을 씻어서 바람이 통하는 장소에서 체를 받쳐 물기를 완전히 없앤다.

   껍질을 깔 때 마늘이 패이면 국물이 탁해지므로 되도록 상처가 나지 않게 깐다.

2. 준비한 마늘을 열탕 소독한 유리병이나 항아리에 담고 소금 1컵을 녹인 물 2L를 부어서 10일 정도 서늘한 응달에서 마늘의 아린 맛이 빠지게 한다. 용기에 따라 마늘이 잠기는 소금물의 양은 다르므로 소금 1, 물 10의 비율로 마늘이 푹 잠기게 양을 잡는다.

♧ 완성하기

1. 10일 뒤에 마늘을 건지고, 마늘 절였던 소금물 5컵과 설탕을 넣고 팔팔 끓여 식힌 뒤 식초를 넣어서 마늘에 붓는다. 마늘이 잠길 수 있도록 접시나 돌 같은 것으로 누르고 뚜껑을 닫아 서늘한 응달에서 10일 정도 숙성 시킨다.

   간장을 써도 되지만, 장아찌 국물을 맑은 국의 양념으로 쓰려면 소금으로 담그는 것이 좋다.

2. 10일 뒤 국물을 따라내어 끓여 식힌 뒤 다시 부어 2개월 정도 숙성시킨다. 2개월 뒤 한 번 더 끓여 식혀서 붓고 냉장보관하면서 먹는다.

고추장아찌

빨간 고추 수확이 다 끝날 즈음 새록새록 자라나는 파란 고추를 끝물 고추라고 부릅니다.
고추농사가 끝나는 가을에 싸고 푸짐할 거예요.
한여름이라도 고추가 매워져서 먹기 어려울 땐 장아찌를 담가 먹기도 합니다.
무와 함께 담가도 좋아요.

♧ 재료

풋고추 1kg
고추 삭힐 물 : 물 2L, 소금 2와 1/2컵
절임장 : 진간장 1과 1/2컵, 멸치액젓 1과 1/2컵, 국간장 1과 1/2컵, 유기농 설탕 2컵, 소주 1과 1/2컵, 현미식초 2컵

♧ 준비하기

1. 장아찌를 담을 항아리나 유리병을 준비해 끓는 물로 열탕 소독해서 잡균을 없애고 물기를
   없애 놓는다.

   내열 유리병이 아닐 경우 유리병이 깨질 수 있다. 이때는 조금 식혀서 소독한다. 항아리는 내부를 햇볕에 말린다.

2. 고추 삭힐 물을 분량의 물과 소금을 잘 녹여 만든다.

3. 고추는 잘 씻어 꼭지를 1cm 정도 남게 자르고, 포
   크로 고추에 구멍을 내서 물기를 빼둔다.

♧ 완성하기

1. 항아리나 유리병에 고추를 차곡차곡 넣고 만들어
   둔 고추 삭힐 물을 붓는다.

2. 납작하고 무거운 그릇으로 눌러서 고추가 완전히
   잠긴 채로 7~8일간 삭힌다.

3. 삭힌 고추를 꺼내서 물기 없는 항아리나 유리병에
   차곡차곡 넣고 절임장 재료를 섞어서 부은 뒤에 무
   거운 그릇으로 위를 눌러 응달에서 보관한다.

4. 한 달 정도 숙성시킨 뒤에 꺼내 먹는다.

   절임장은 소주를 넣으므로 끓이지 않고 쓴다.

매실
장아찌

6월 중순, 청매실로 담는 매실장아찌는 아삭한 맛이
오랫동안 유지됩니다.
과육이 좀 크다 싶고 흠이 없는 청매를 골라,
처음부터 과육과 씨를 분리하여 장아찌를 담그면
매실청과 장아찌를 다 먹을 수 있지요.

매실장아찌
100일 동안 숙성시킬 때는
상온에서 응달에 보관하세요.

✤ 재료

청매실 2.5kg, 유기농 설탕 2.8kg

✤ 준비하기

1. 매실은 흠이 없고 깨끗한 것으로 골라 깨끗이 씻고 물기를 완전히 거두어 둔다.

2. 항아리도 깨끗이 씻어 물기를 완전히 말려 둔다. 매실장아찌 전용 항아리를 만드는 것이 좋다. 항아리가 없으면 적당한 유리병을 구하여 열탕 소독하여 말려둔다.

✤ 완성하기

1. 매실의 꼭지를 제거하고, 매실을 세워 방망이나 망치 같은 무거운 것으로 한번에 '쾅' 쳐서 씨와 과육을 분리한다.

2. 위에 덮을 설탕으로 약 600g 남겨 놓고, 매실 과육과 설탕을 골고루 섞어 항아리에 담고 남겨 놓은 설탕 중 300g을 하얗게 올려 뚜껑을 닫고 서늘한 응달에 보관한다.

   보통의 매실과 설탕의 비율은 동량으로 잡으나, 유기농 설탕은 일반 정제설탕보다 당도가 떨어지므로 매실의 양보다 조금 많이 넣는다. 단 것을 염려하여 설탕을 적정하게 넣지 않으면 장아찌가 물컹거리거나 매실청으로 발효되지 않고 부글거리는 수가 있다.

3. 하루가 지나면 손을 물기 없이 깨끗이 하여 항아리 끝까지 집어넣어서 가라앉은 설탕과 매실을 잘 섞고 다시 설탕 300g을 맨 위에 올리고 일주일 숙성시킨다. 처음 한 달 동안은 일주일 간격으로 설탕과 매실을 섞어 주는 과정을 반복하여 손의 감각으로 밑바닥에 가라앉은 설탕이 매실과 어우러져 청으로 만들어지는 것을 확인한다. 둘째 달에는 보름에 한번씩 휘젓고, 마지막 달에 한 번 더 저어준다. 최소한 3달은 지나야 매실을 건져 먹을 수 있고 청도 먹을 수 있다. 매실 발효액인 매실청은 2년 이상이 되어야 제대로 된 발효가 된다고 하고 매실장아찌도 1년 이상이 되면 더욱 쫄깃해진다.

부엌에서 세균, 전자파, 환경호르몬 몰아내기

부엌에서 환경호르몬, 독성물질, 전자파와 세균 몰아내기란 요리만큼이나 어려운 분야다. 마지막 강사, 에코생협 최재숙 상무는 부엌이 화장실보다 세균이 더 많을 수도 있단다. 정신이 번쩍 든다. 몸에 좋으라고 집에서 밥을 해먹다가 세균에 감염되는 일이 없으려면 우선 청결부터 민감해져야겠다.

행주, 수세미, 씽크대와 개수대, 수납장, 그릇과 수저통 등처럼 물기와 가까운 곳은 세균이 번식하기 매우 좋은 장소다. 또 냉장고와 배기 후드, 가스레인지 주변은 세균이 번식하기 매우 좋은 장소이다. 냉장고 안과 가스레인지를 정기적으로 청소하고, 특히 후드는 청소도 중요하지만 6개월 주기로 교체해야 제 기능을 유지할 수 있다고 한다.

임신을 계기로 급격하게 민감해진 문제가 전자파와 환경호르몬이었는데, 전자레인지, 냉장고, 토스터, 커피메이커, 식기세척기, 믹서, 전기포트 등이 있는 주방이 제일 위험지역이었다. 주방에서 사용하는 전자제품은 주로 허리 높이에서 사용하게 되는데, 임산부의 경우에는 태아가 있는 위치와 매우 가깝다는 점에서 더 주의해야 한다.

주방 속 새로운 위협, 전자파와 환경호르몬

전자 조리기구가 넘쳐나는 요즘 부엌의 새로운 위협은 전자파다. 전자파의 피해에 대해서는 아직도 의견이 분분하여 무해론부터 암유발설까지 다양한데, 몸 안의 전달체계에 부정적인 영향을 주는 것은 분명하다. 주방에서 전자파 위험이 가장 높은 것은 전자레인지다. 전자레인지의 경우는 전면으로 나오는 전자파가 다른 전자제품보다 훨씬 강하므로 3미터 이상 거리를 두고 사용하고, 작동 중에 전자레인지 앞에 서 있는 것은 좋지 않다.

인덕션레인지, IH전기밥솥 등도 전자파가 나온다고 알려져 있다. 한국소비자보호원에서 인덕션레인지와 IH전기밥솥의 전자파를 측정실험한 바에 의하면 KS측정기준 30CM 거리에서는 기준레벨(62.5mG) 이하였으나 10CM 이내 거리에서는 기준레벨을 최고 3배 이상 초과했다고 한다.

전기밥솥은 밑바닥에 코일이 내장되어 있어 전자파 발생량이 높다. 냉장고의 경우 전원을 끌 수 없기 때문에 전자파를 줄이기 위해서는 반드시 접지형 콘센트를 사용해야 한다.

전자파는 하루 2mG 이상 노출되면 소아암에 걸릴 확률이 높아지고, 하루 6mG 이상 노출되면 유산될 확률이 높아진다고 한다. 인덕션의 위치는 보통 복부 근처이기 때문에 임신 중에 있으면 태아에게 강력한 전자파가 그대로 전달된다. 아이들은 보통 머리 위치에 있는 것이다. 안전거리는 수평 30cm 이상이므로 범위 내에 접근하지 않아야 한다.

환경호르몬에 안전한 도마와 주걱, 국자는 플라스틱으로 만든 것을 피하고 나무나 도자기, 스테인리스 제품을 구입해야 한다. 최근 질그릇도 많이 사용하고 있는데 황토와 나무 땐 재를 혼합하여 만들어서 천연유약을 바른 숨쉬는 옹기는 내용물을 더 오래 보존하고 발효를 돕고, 방부성 효과가 있다고 한다. 사용하다가 깨지면 흙으로 돌려보내거나 화분으로 사용할 수 있어서 물론 친환경적이다. 질그릇도 생협에서 살 수 있다.

세균 없애는 부엌 청소법

• 행주

용도에 맞게 여러 개 사용한다. 그릇용, 싱크대 주변용, 식탁용 등으로 구분하고 여름에는 매일 삶고 항상 말려서 사용한다. 무형광, 무표백 면 행주를 선택하는 것이 좋다.

• 수세미

요새는 항균처리한 수세미도 있으나 수세미나 도마 겉면에 붙은 세균의 증식을 억제한다는 것이지 죽이지는 못한다. 특히 항균 수세미는 유기물질이 사용되어 독성의 위험이 있다. 가장 좋은 것은 쉽게 말라서 세균의 서식이 어려운 재질을 골라서 항상 말려서 사용하는 것이다.

• 싱크대와 개수대

세균이 제일 많이 서식하는 곳 중의 하나다. 매일 설거지 뒤 음식 찌꺼기를 거름망에서 빼내고 구석구석 관까지 깨끗하게 닦아야 한다. 거름망과 수채구멍은 못 쓰는 칫솔에 세제를 묻혀 닦아내고 가끔 펄펄 끓는 물을 부어 준다. 수도꼭지도 세균 번식이 잦으므로 자주 잘 닦아 준다. 찌든 때도 쉽게 없애준다는 강력한 화학세정제는 특히 주방에서는 사용하지 않는다.

• 수납장

수납장은 신경을 잘 쓰지 않아 먼지가 쌓여있는 것을 그냥 지나칠 경우가 많아, 살모넬라

균과 비브리오균이 만 마리 이상 발견되기도 한다. 정기적으로 먼지를 제거하고 행주로 닦고 말려서 사용한다.

• 수저통

수저통도 세균의 온상이 되기 쉽다. 뚜껑을 닫지 않도록 하며 항상 깨끗하게 닦고 물기를 없애야 한다. 눕혀 놓는 수저통보다는 세워놓는 것으로 마련하고, 수저의 손잡이가 수저통 아래로 향하게 둔다. 개수대에서 멀리 보관한다.

• 그릇

미지근한 물에 세제로 닦고 물로 충분히 헹구어 말린다. 이때 행주로 닦아내기보다는 그대로 엎어서 물기를 말리는 것이 더 위생적이다. 정기적으로 삶아서 쓰면 좋다.

• 그릇 건조대

정기적으로 닦아준다. 특히 물받이 쪽이 물때가 잘 끼고 세균이 침투했을 경우가 있으므로 항상 청결을 유지하고 물기를 없애준다.

• 세제

내 입에 들어갈 것은 친환경이니 유기농이니 하면서 주방세제는 거품 가득한 화학 물질 투성이로 버린다면? 개수대로 흘려보낸 설거지물은 돌고 돌아 다시 수도꼭지로 나오게 된다. 계면활성제가 포함되지 않으면서도 세척력이 좋은 다양한 세제가 일반 유통점은 물론 생협에서 판매되고 있다.

• 기타

냉장고, 가스레인지, 후드 등 주방가전도 정기적으로 깨끗이 닦는다. 후드는 가스레인지에서 뿜어내는 일산화탄소를 빨아들이는 효과가 있지만 제대로 청소를 하지 않으면 사용하지 않느니만 못하다. 굳어진 때는 식초물을 뿌려 신문지로 30분 정도 덮어 놓았다가 닦아내고 베이킹소다로 다시 닦아낸다. 후드 표면과 함께 후드 필터도 6개월에 한 번씩 갈아줘야 확실한 효과가 있다고 한다.

펭귄 부인,
철든 밥상을 차리다

내게 가스레인지를 켤 일은 딱 2가지. 라면 끓일 때와 커피 물 끓일 때였다.

라면 끓이기는 유일한 나의 생존 스킬. 드립 커피는 오랜 직장생활을 통해 습득한 유일한 사치이자 유일한 슬로푸드였다. 당연하게도 끼니는 대부분 밖에서 사먹고, 주말이나 연휴엔 각종 인스턴트식품으로 향연을 벌인 시간만 15년. 어지간한 배달 음식도 다 먹어 봤다. 시키는 것도 귀찮으면 라면을 끓였다. 담백한 맛이 당기면 건더기 스프를 빼고 끓이고, 부드러운 국물이 고프면 날걀을 풀어넣고, 별미가 생긱나면 자장 라면을, 단백질을 보충해야겠다 싶으면 달걀을 삶았다. 하지만 이런 일도 자주는 아니어서 몇 년 쓴 가스레인지와 냄비들은 며칠 전에 사둔 것이라 해도 믿을 지경이었다. 특히 칼과 도마는 내다 팔아도 될 정도였다.

알약 하나면 충분한 세상. SF 영화에서 나오는 미래식량은 기능만 있고 정서는 없는 알약으로 그려진다. 책상과 컴퓨터, 회의와 서류 작성으로 15년이라는 긴 시간 동안을 사로잡혔던 나는 어쩌면 그런 세상을 꿈꿨는지도 모르겠다. 혼기를 놓쳤다고 걱정하는 부모님에겐 누추한 싱글의 노후를 보장한다는 종신보험증을 보여드리고, 혼수 대신 실질적인 삶의 동반자인 텔레비전을 최신형으로 바꿀 계획이었다.

"콩 콩 콩 콩"

"들리시죠? 태아의 심장소리입니다. 잘 크고 있네요." 작년 두 번째로 병원을 찾았을 때, 의사는 콩알만 한 아가의 팔딱거리는 심장 소리를 들려주었다. 내 생애 가장 잊지 못할 커다란 소리. 세상의 모든 소리를 삼켜버린 듯 천둥소리보다 크게 들렸다. 인스턴트 왕관은 이제 내려놓아야 했고 펭귄의 몸매를 지닌 펭귄부인이 되어야만 했다.

인생이란 알 수 없다. 불과 2년 사이 나는 완전히 다른 사람이라는 착각이 들 정도다. 신랑을 만난 지 100일 만에 서로 청혼을 하고, 200일 만에 결혼식을 치렀다. 결혼 7개월째 아기가 생겼고 이제 출산일도 얼마 남지 않았다. 그리고 무엇보다 무모한 도전이었던 '철든 밥상' 손수 차리기까지.

　　양가 어른들에 떠밀려 빛의 속도로 결혼한 덕분에 나는 골치 아픈 신부수업은 시늉도 필요없었다. 식빵을 비롯한 빵 종류, 달걀, 김치, 물과 약간의 과일. 통닭 혹은 피자 등 먹고 남은 배달 음식 약간… 이랬던 혼자 살던 시절 냉장고 안은 결혼 뒤, 양파, 호박, 마늘, 가지, 고추, 오이, 상추들로 가득했다. 이런 재료들은 신랑의 손에서 뚝딱뚝딱 음식으로 변해갔는데 그 과정은 미적분보다도 형이상학적인 프로세스로 보였다.

　　15년 인스턴트 여왕으로 살아온 이력은 단숨에 극복되지 않는다. 아니, 도저히 그렇게 살 수 없을지도 모른다. 임신 중이지만 첨가물이 거의 없는 빵이나 과자, 라면은 조금 먹자고 타협을 했지만 그 맛은 내 입맛에 2%가 아니라 20% 이상 부족했다. 입덧을 달랠 음식을 만들어 보려 요리책을 들여다보노라면 그 복잡한 과정에 한숨부터 밀려왔다. 읽어도 도통 파악이 되질 않으니 까막눈이나 마찬가지. 어려운 결단으로 나섰지만 부엌 천장에다 푸르른 녹두전을 만든 것으로 끝난 요리, 녹두죽 만들기 뒤로는 더더욱 부엌일은 딱 30초 만에 피곤이 몰려들었다.

　　입덧으로 기운 없이 누워있던 어느 날, 신랑이 뭐라도 만들어주겠노라 했다.

　　"배추김치를 푹 끓인 건데, 푹 익은 김치를 넣고 끓인 거. 맵게 말고 멀겋게 끓여낸… 김치찌개는 아니고… 그걸 우린 끓인 김치라고 불렀는데…."

　　지금은 완전히 나의 기억 속에서 사라졌던 맛. 고등학교 무렵까지 집에서 먹던 반찬. 갑자기 미치도록 먹고 싶어졌지만, 그렇게 오래도록 먹었으면서도 어떻게 만들었는지 물은 적이 한번 없다는 사실을 깨달았다. 하긴, 아무리 맛난 음식을 먹어도 그걸 어떻게 만드는지 한 번도 궁금해 하진 않았으니까. 결국 친정 엄마에게 전화로 배워서 만든 '신랑표 끓인 김치'는 신랑만 먹고, 나는 다음날 엄마가 끓여온 걸 먹었다.

　　'그래, 이런 맛이었지.'

　　끓인 밥에 끓인 김치를 먹으면서 나는 '엄마의 맛'을 생각했다. 우리 아가가 나중에 기억할 '엄마의 맛'은 어떤 것일까? 만약에 딸이라서 이렇게 나처럼 입덧을 할 때 어린 시절 먹던 맛을 찾는다면, 나는 어떤 맛을 줄 수 있을까? 제과점의 빵과 샌드위치를 사 다줄 것인가. 아니면 식당에 데리고 갈 건가. 우리 아이는 엄마의 맛이 아니라, 아빠의 맛을 추억하게 될까.

갑자기 긴장감이 밀려왔다.

적어도 그리워할 엄마의 맛은 있어야겠다는 생각이 들었다. 태어날 아이를 위해 다 시금 부엌으로 갈 마음이 생겨났다. 그 즈음 공교롭게도 나를 위한 것만 같은 맞춤식 요리교실이 에코밥상이라는 친환경 식당에서 2월부터 열린다는 소식이 날아들었다. 요리책도 인터넷도 무용지물인 나 같은 왕왕초보자들을 위한 살림 강좌. 기분 전환과 의욕 충전이 절실할 때, 절묘한 타이밍으로 내 앞에 나타난 이 강좌로 난관에 부딪힌 나의 도전은 실마리를 풀 수 있었다.

30명의 수강생들과 5번에 걸쳐 다섯 분의 강사가 진행했던 '자연과 생명을 생각하는 친환경 상차림 강좌'는 제철음식 요리법, 가공식품과 유전자 조직 식품에서 안전한 식 생활법, 좋은 농산물을 사는 법, 부엌에서 세균, 전자파, 환경호르몬 몰아내는 법 등을 실속 있게 챙겨올 수 있었다. 이 책은 지난 초봄에 끝난 그 강좌에서 알게된 내용과 외 식업체 '에코밥상'의 김경애 대표님으로부터 태어날 아가를 위해 따로 배운 친환경 요 리법들을 실은 책이다.

요리 고수들이나 살림에 빠삭한 주부9단들은 오래전에 다 뗀 초보적인 요리부터 난 이도가 높은 육개장이나 김치, 장아찌까지 홍시 쌤(에코밥상 김경애 대표님의 자칭 별명) 이 평생 가정에서 만들어먹던 음식들이다.

이제 나는 가지볶음도 능숙하고 오이물김치도 몇 번이나 담가서 칭찬도 받은 어엿한 (?) 살림꾼이 됐다. 불과 몇 달 전의 나처럼 요리라면 머리만 아프다는 세상의 모든 펭 귄부인들이, 이 책으로 온전한 친환경 부엌살림도 익히고, 하루 세 번씩 행복을 선사하 는 맛있는 철든 밥상을 자신있게 차릴 수 있다면 그보다 더 큰 보람이 있을까.

생명을 품고 보낸 9개월.

콩알 만 했던 꼬마가 내 안에서 제법 무럭무럭 자라고 나도 함께 자랐다.

세상이 달라 보인다면 과장일까? 사소하고 무심했던 일들이 모두 특별하고 새롭다. 생명을 키우면서 느끼는 행복함과 신비로움은 사람에게서 세상 모든 생명에게로 눈을 돌리게 하고, 지독한 공해에서도 제 몫을 다해 자라는 초록 생명들에 감사하게 만든다.

인간의 편의에 맞게 사육되고 가공되고 혹사당해온 자연에 대해 무심하게 살았던 미안함도 느낀다. 구제역으로 들끓던 온 나라에 일본 방사능 걱정까지 겹쳐 임산부들에게 특히 잔인했던 봄이었지만 나는 이 책을 만들기 위해 요리를 배우느라 매일이 놀랍고 신기하고, 행복하기만 했다.

혹사당한 자연의 역습 같은 시간들이지만 그래도 모든 꼬마들에게 안전한 세상을 꿈꿔 본다. 초록생명들, 동물과 강물, 하늘과 바다를 살리는 에코밥상으로 꼬마들의 안전한 세상을 만드는 길. 그 길에서 많은 펭귄부인들을 만날 수 있길.

2011년 6월
최현주

🌱 완전 채식인(vegan)을 위한 팁 🌱

멸치가루, 멸치육수, 멸치액젓, 새우젓, 까나리액젓, 새우육수, 황태머리육수 등
이 책의 국, 조림, 볶음, 무침에서 쓰는 이 양념들은 조리법과, 다른 재료의 구성에 따라 아래
와 같이 대체해보세요.

■ 탕, 국, 찌개
188쪽 아욱 된장국, 184쪽 감자 된장찌개, 186쪽 얼갈이배추 된장국, 114쪽 호박잎 된장국, 76쪽
버섯 들깨 순두부탕, 69쪽 두부 고추장찌개 등
된장이 들어가는 국에는 멸치육수를 쌀뜨물로 대체해 구수한 맛이 나도록 합니다. 아욱국, 수제빗
국은 재료 중의 다시마, 표고버섯 국물만 써도 좋은 맛이 납니다.
국에 쓰는 '멸치액젓'의 경우엔 국간장이나 소금으로 대체하되 간을 잘 맞추세요.

■ 무침, 볶음, 나물
155쪽 미역줄기볶음의 멸치액젓과 멸치육수를 빼고 소금으로 간을 맞춥니다.
 80쪽 느타리버섯볶음의 멸치액젓 대신 소금을 쓰세요.
146쪽 무청시래기나물도 멸치액젓과 멸치육수 대신 채소국물로 오래 지져도 맛납니다.
135쪽 호박나물의 새우젓을 대신하는 양념으로는 소금을 씁니다.
 60쪽 두부김치의 멸치액젓, 멸치육수 대신 들기름에 묵은지를 달달 볶으면 맛나겠습니다.

■ 김치류
깍두기, 열무김치 등 몇 가지 김치류에 들어간 멸치액젓과 새우젓은 빼되, 대신 소금 양을 조금
늘려주세요. 젓갈류를 싫어해서 젓갈 없이 담그는 김치에도 양파나 배를 갈아넣어 시원한 맛을
즐깁니다.

■ 그 외
 34쪽 생채비빔밥과 강된장 강된장에 들어가는 멸치가루 대신 다시마 가루나 표고버섯 가루, 또
         는 다시마와 표고버섯을 우려낸 국물로 대체도 좋습니다.
111쪽 풋마늘대 오징어 무침 데친 오징어만 빼고 그대로 무치세요.
 70쪽 두부 잔치국수 멸치육수 대신 다시마국물이나 표고버섯, 채소 국물을 쓰세요. 멸치액젓 대
         신에 국간장을 좀 더 사용하세요.

찾아보기

도움주신 분들

1. 이 책은 환경연합 에코생협의 식재료 후원으로 제작되었습니다. 환경연합 Eco생협은, '정직하게 생산하고 믿고 소비하는' 원칙을 모토로 지난 2002년 설립돼 안전한 먹을거리와 친환경 생활용품을 공급하는 공동체로, 조합원의 출자와 이용, 참여에 의해 운영되고 있습니다. 자연과 사람이 더불어 살아가는 생태사회를 꿈꾸는 에코생협은 전국에 7개 매장을 운영하며 조합원들에게 안전한 생활용품을 공급(배송)하고 있습니다.

　www.ecocoop.or.kr / 02-733-7117 (에코생협 사무국)

2. 이 책은 일본 아틀리에 도키의 목공예가 도키마츠(Tokimatsu) 님과 그의 제자 백선영 님의 후원으로 제작되었습니다. 도키마츠님은 일본 유후인에서 평생 나무를 심고 가꾸며 쓰러진 나무와 베어낸 나무로 생활 목공예품을 만드는 장인입니다. 백선영 님은 그에게서 커다란 배움과 꿈을 얻고 서울 부암동에서 목공의 길을 준비하고 있습니다.

3. 이 책은 '장가네 그릇가게'의 후원으로 제작되었습니다. 장가네 그릇가게는, 서울 부암동 북악산 자락에서 전문 도예가들의 도자기를 전시하고 판매하는 소규모 공방입니다.

　http://blog.naver.com/trude117

✽ 이 책에 실린 펭귄부인의 친환경 부엌살림기는 이유명호 한의사, 김은진 원광대 법학전문대학원 교수, 최재숙 에코생협 상무이사의 허락을 얻어 2011년 2월~3월의 강의 내용을 수록했습니다.

✽ 촬영을 위해 애써주신 노현옥, 장지영 님과 에코밥상의 직원들께 깊은 감사의 마음을 전합니다.